BIAD 2017 优秀方案设计

北京市建筑设计研究院有限公司 主编

中国建筑工业出版社

编制委员会	朱小地	徐全胜	张青	张宇	郑实	邵韦平
	陈彬磊	徐宏庆	孙成群			
主　　编	邵韦平					
执行主编	郑实	柳澎	朱学晨	孙诗远		
文字编辑	王夏璐					
美术编辑	王祥东					

序

为鼓励建筑创作，提升企业核心竞争力，打造"BIAD 设计"品牌，北京市建筑设计研究院有限公司（以下简称"BIAD"）创作中心依据 BIAD《优秀方案评选管理办法》的要求，组织进行了 2017 年度 BIAD 优秀方案的评选工作。参加评选的项目为2016 年 7 月～2017 年 6 月期间完成的原创方案设计项目，范围包括方案投标阶段的项目和工程设计阶段的方案项目，涉及公共建筑、居住建筑及居住区规划、城市规划与城市设计、景观设计、室内设计等专项类型。

获奖作品从 195 个申报方案中产生，来自公司内外 18 位专家组成的评审委员会经过认真客观公正的投票评选，最终选出一等奖 22 项，二等奖 30 项，三等奖 45 项。

从总体上看，本届申报方案数量较去年略有增长，表现出较高的整体水平，即使未入围获奖的项目也表现出一定的水平和特色，但限于篇幅，本书仅详细呈现一、二等奖方案，列表介绍三等奖方案。这些项目中的部分已在实施中，一些虽未能实施，但方案中许多亮点仍有很强的专业价值，可供专业人士分享和借鉴。

通过每一年 BIAD 优秀方案作品，可以看到 BIAD 人具有的专业力量以及对国家的城市建设所作出的贡献。近年来，在全体建筑师的不懈努力下，BIAD 方案原创能力在不断提升，BIAD 在设计方法、理论研究与职业责任方面的探索取得很大进展。大部分优秀方案作品在传统、地域、文化、美学、社会、经济、功能、技术等方面的多元综合性上取得良好的平衡，或在某些方面特色突出，或在结构、绿色、设备等方面技术先进、适宜，符合可持续发展原则。

国家当前正经历减量提质的经济转型与变革，BIAD 也将面临同样的考验。我们需要不断提升 BIAD 的设计原创水平与科技创新能力，在先进理念的引领下，将心智创造和先进技术转化为价值才能赢得市场。在展示 BIAD 过去一年方案创作方面取得成绩的同时，我们还不敢有丝毫的自满。相对于更高的行业标准，优秀方案中真正称得上力作的方案还是为数不多，从总体水平看，大部分方案在场所环境应对、建筑体系创新、设计成果表现方面应有相当的提升空间。

我们希望通过 2017 年度 BIAD 优秀方案作品集的出版，让更多的设计同行以及行业内人士有机会了解 BIAD 优秀方案所取得的经验和方法，借此推动 BIAD 建筑创作的发展进步，期待 BIAD 在新的一年里创作出更多的优秀作品，贡献给社会。

目录

北京三联书店改造

一等奖 • 公共建筑／一般项目
• 独立设计／中选投标方案

项目地点 • 北京市
方案完成／交付时间 • 2017 年 2 月 20 日

设计特点

北京三联书店位于北京市东城区五四大街以北，美术馆东街路东。建筑经历二十余年的使用，设备陈旧老化，经营空间局促，难以满足现行要求。本次设计分为室内空间提升及机电能力改善两部分。

方案设计中，梳理内部空间，在既成的功能布局和读者习惯的基础上，发掘空间中隐藏的闪光点，为读者提供更加合理、舒适、有效的阅读体验；以生活、读书、新知三个层次的概念暗合书店的三层物理空间，将三联韬奋书店的精神与现实世界紧密连接；将原咖啡厅与书店功能有机结合，形成温馨的阅读休闲空间；为书店员工、出版社员工改善办公环境，提高工作效率，提高员工工作环境的舒适度和幸福感。

室内装修设计还原材料之美，剥离装饰，尽可能裸露混凝土、砖石本色，取消原有吊顶，将管线排布设计纳入视觉设计层面，使建筑材料体现其朴素本真的状态，并在空间焦点上重点布置精致、现代的材料和构造，形成对比统一的和谐氛围。石材、木材、钢材与光线、时间交织在一起，成为具有历史感和匠心的背景，体现"书和人"作为书店空间主体的重要性。方案设计尊重并发扬三联书店的精神内核，在室内空间设计中为读者塑造全新的精神家园：设置多个主题性公共空间，它们游移在书店的各层空间中，如茫茫书海中浮现的"岛屿"，成为导引读者行为的"目的港"，也是寄托三联书店灵魂的"精神堡垒"。

设计评述

方案的设计亮点大致可归纳为两点，一是对新功能模式的尝试，在我国老的新华书店的空间模式中，功能是单一的，只有买书和卖书两种行为模式，本方案在对老书店的改造中，对现代社会中人们的购书行为加以关注，积极地将咖啡厅的行为模式作为重要一环加入设计构思中；二是对新装修材料的尝试，本方案中，"还原材料之美，剥离装饰，尽可能裸露混凝土、砖石本色"的设计思想，对传统装修涂脂抹粉的设计方法进行了新的大胆的尝试，引发的视觉感受将是一种全新的体验。

主要设计人 • 米俊仁 聂向东 沈晋京 张昊 林华 吕晓 Ulises 张蕾 李少斌

二层咖啡厅

二层咖啡厅

改造前实景照片

地下一层售卖区

剖面分析图

北京"天宁一号"文化科技创新园

一等奖 • 城市规划与城市设计 / 一般项目　　　　项目地点 • 北京市
• 独立设计 / 未中选投标方案　　　　方案完成 / 交付时间 • 2016 年 12 月 27 日

设计特点

北京第二热电厂旧址，周边为金代和辽代都城遗址，东侧紧邻北京现存最早的古建筑北魏天宁寺塔。北侧为白云观和蓟丘遗址公园。20 世纪 70 年代末期在这里建成了占地 7.93 公顷的北京第二热电厂，地上建筑共有 4.3 万平方米：中央主建筑为发电机厂房和燃油锅炉房，北侧为厂前区办公及生活配套区，西侧为维修车间和变配电站，东侧为库房和班组办公区。我们为该项目提出厂区保护和改造相结合的规划原则。

保护策略：1. 保留原有厂区格局和工业建筑风貌；2. 保持现有建筑规模和绿地规模。

改造策略：1. 加强与周边历史文化建筑之间的视线和动线联系，为园区提供更加丰富的文化元素；2. 开放城市边界，增强对外联系，为园区注入城市活力；3. 改善内部循环条件，增加内部交流的方便性；4. 整合各类办公用房，加强统一性和整体性；5. 增加院落空间层次，改善城市肌理，提供丰富多样的交流展示与景观空间。

通过以上策略，在原有厂区基础上突出了"一核三园"的园林式城市特色，形成了内涵丰富、活力充沛、有机高效的文化科技主题园区。"一核三园"代表了园区突出的公共服务平台，强调各功能板块互联互通、资源和空间共享的绿色城市型园区核心理念，既保持了原有老旧厂区的特色，又产生了一座具有划时代意义的创新工场。

设计评述

方案构思保留了原有厂区格局和工业建筑风貌；并且保持了现有建筑规模和绿地规模；对于保留城市记忆具有一定的回应。围合布局加强了与周边历史文化建筑之间的视线和动线联系，丰富了园区文化元素；开放的城市边界，加强了对外联系，改善了内部循环条件，增加了内部交流的方便性；各类办公用房的整合，加强了统一性和整体性；设计策略合理，交通组织顺畅有序，强调各功能板块互联互通、资源和空间共享的绿色城市型园区核心理念，对当前文化园区的建设具有示范意义。方案依据充分，对传统元素的挖掘和利用表达了对北京的城市发展充分的尊重。

主要设计人 • 邵韦平 刘宇光 李家琪 缪一新
　　　　　　　翟炳博 冯思婕 李培先子

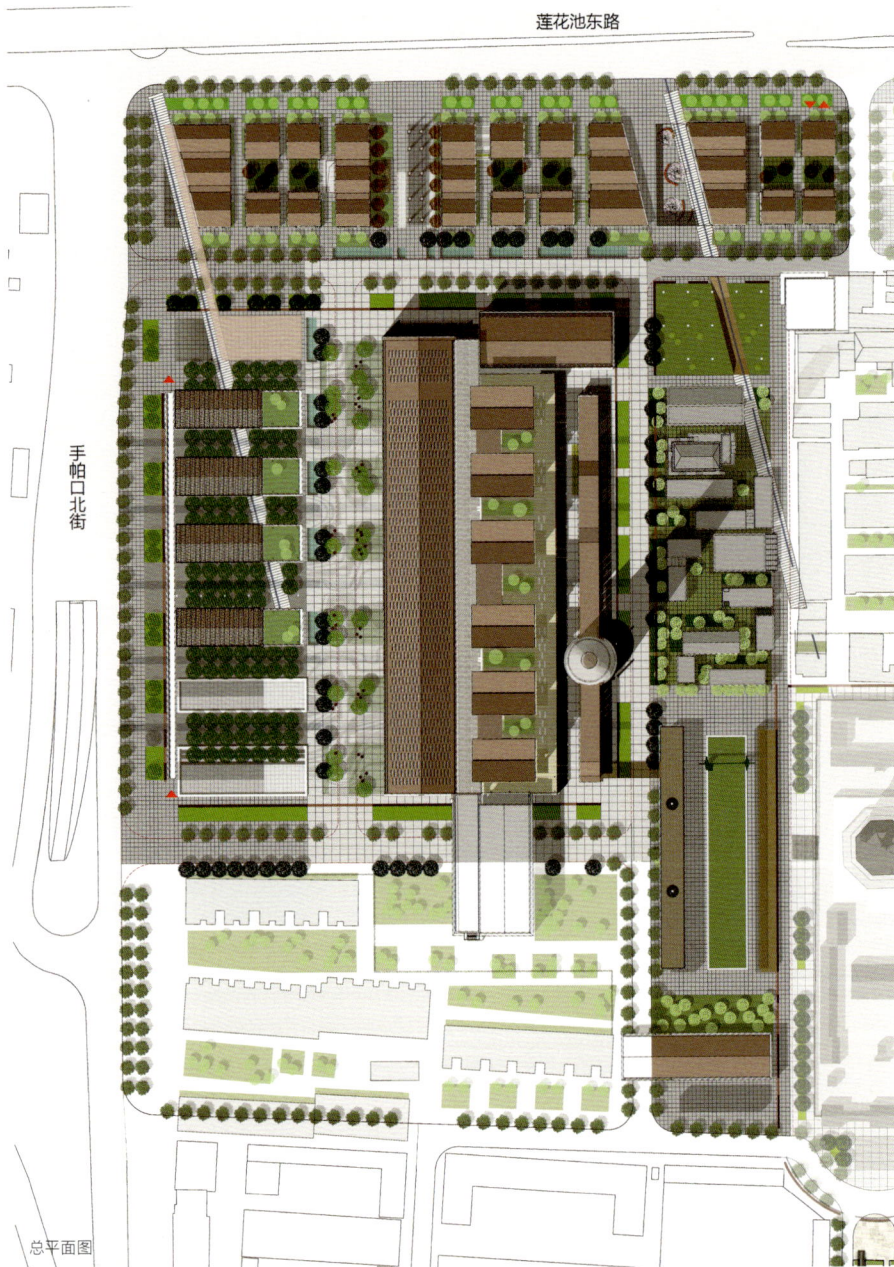

总平面图

变电站改造片区

鸟瞰图

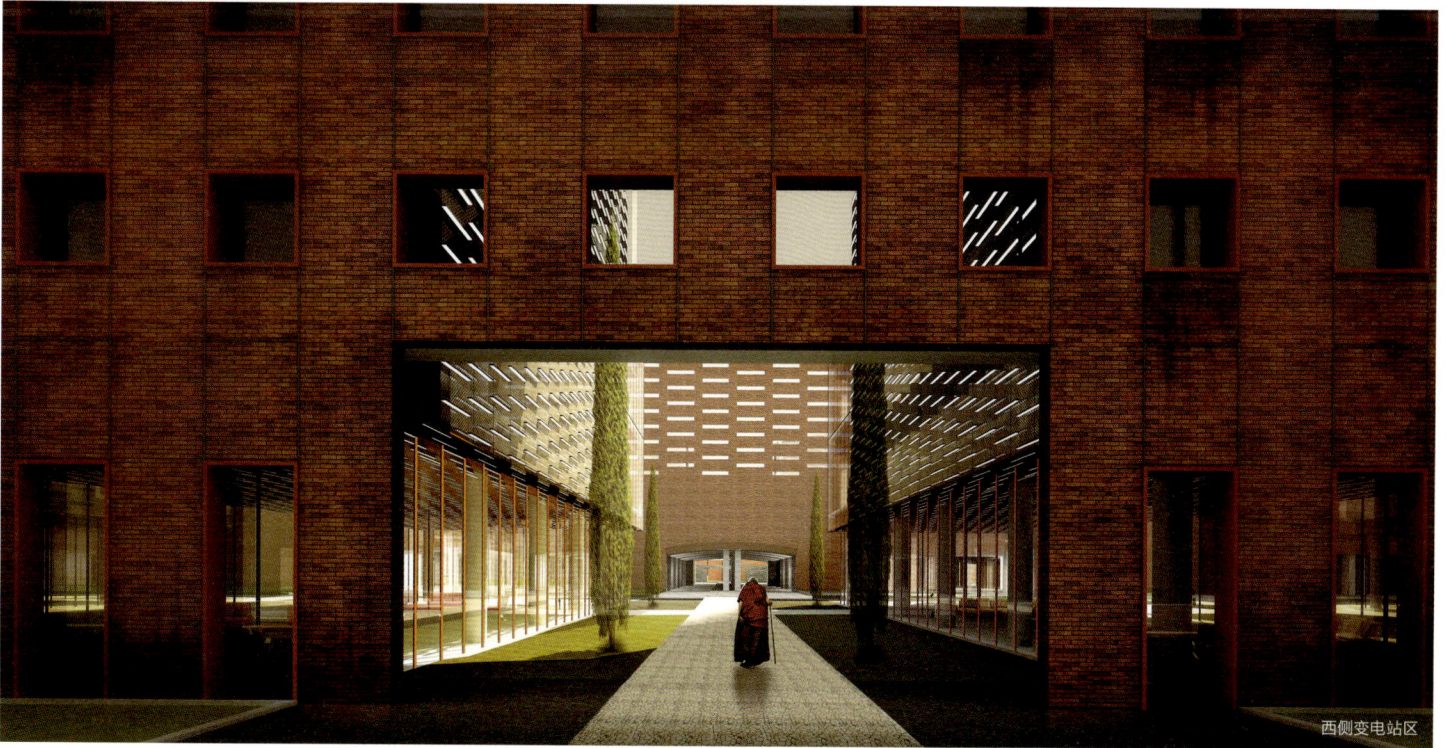

西侧变电站区

北京北土城中路北侧 OS-10B 地块 B4 综合性用地

一等奖 • 公共建筑／重要项目　　　　项目地点 • 北京市
• 独立设计／中选投标方案　　　　方案完成／交付时间 • 2016 年 9 月 20 日

设计特点

项目地处奥体南区的中央公园内的东北角，占地面积 1.2273 公顷，地上总建筑面积约 7 万平方米，建筑高度 95 米。

项目位于奥体南区的东西轴线上，西南侧为下沉广场及绿地，是从景观绿地当中生长出来的标志性建筑。建筑布局因地制宜，朝向公园绿地开放，人们可以从地块穿过进入公园，建筑中开放的互动活动也与公园融为一体。

建筑设计注重构建开放的公共空间，设有一个连续的中庭大堂，连接地上地下、室内室外空间，与中心公园绿地有机结合为一体，成为最具景观特色的标志性建筑。在功能上，通过上部文化展示的引入，使这座建筑具有 24 小时的活力，带动整个地区的发展。

在形体上，采用流畅而向上逐渐退缩的形式，减小了建筑的体量，表现出对周围环境的良好姿态。建筑形体采用柔和的流线性的造型，符合了空气动力学原理，在各个方面均保持了光滑连续的界面，减小了与环境的冲突，避免了街道风的形成，具有生态建筑的特征。建筑立面采用层层环绕而具有动感的建筑表皮肌理，使建筑看起来更加轻盈灵动。

设计评述

方案充分地考虑到与周围环境的融合，适应地域人文特色。方案设计依据充分，对原有结构优化合理，衔接方式符合原设计条件。总图入口位置合理，标高选择准确，功能布局合理，适应各种办公需求。竖向交通组织合理，空间利用考虑到了异形空间的特点，幕墙设计分类细致合理，有鲜明的外形特点。方案为复杂的三维空间建筑，通过数字化技术提升了建筑的整体品质，整体数据可控。

设计体现了绿色建筑的理念，面向外界环境友好、和谐，自身保持能源利用与能源消耗的总体平衡，代表了绿色生态建筑的发展方向。

主要设计人 • 邵韦平　刘宇光　吴晶晶　王风涛　吕娟　高阳
　　　　　　周泽渥　张碧　周思红　郑克白　祁峰　张成
　　　　　　陆东　翟立晓

鸟瞰图

环城

中庭

入口

洛阳二里头夏朝遗址博物馆

一等奖 • 公共建筑／一般项目
• 独立设计／未中选投标方案

项目地点 • 河南省 洛阳市
方案完成／交付时间 • 2016 年 11 月 18 日

设计特点

项目位于洛阳市偃师二里头遗址保护区南约 300 米，南距古城快速公路约 200 米，二里头遗址宫城区中轴线南延线西侧区域。计划占地面积 200 亩，建筑面积约 3 万平方米，建设内容主要包括博物馆公共区域、业务区域、行政区域等常设功能区 26500 平方米，以及早期中国研究中心 3500 平方米。面对开启中国历史先河的千古第一朝，我们的观点是尊重传统且积极地有所作为，新博物馆应立在当代，既不照搬传统的建筑形态，也不可在建筑形式上随便地"肆意妄为"，而是应当从中国传统文化中汲取神韵，实现传统与当代的融合共生。

我们提出"围、转、抬、嵌"四个设计策略，综合考虑功能流线的同时，谋求展示形象并传递夏都文化特征，体现建筑当代性。"围"——围墙造城：二里头遗址宫殿区开中国历史先河地采用廊院布局。"穿"——穿越空间：通过空间轴线与游客动线结合的设计，增强游客在场地中穿行的空间体验感，在建筑与场地的强烈对比中增强人们对空间与时间的感知。"台"——高台平檐：二里头的宫殿遗址，利用高台强化建筑的体量与气势，开后世之先河。"嵌"——空间镶嵌：建筑的公共空间和陈列空间通过嵌入的方式相结合，保证了空间的独立，又形成实体与虚空的强烈对比。

设计评述

首先，建筑在基地上以简洁现代的梯台围墙区分内外，强化了建筑与场地空间的界限，以及空间的存在感。

新馆采用"高台平檐"的建筑形态，用现代的语言高度抽象地对夏朝建筑中的"茅茨土阶"予以解构和重构，体现传统与现代的结合。

设计结合周边地形、地貌，与周围建筑风格统一。功能分区明确，规划布局合理，结构柱网设计合理。将传统与现代，建筑的纪念性与公共性，场所的时间性与空间性有机融合，最终形成外部大气周正、内部空灵活跃的博物馆建筑空间。

主要设计人 • 刘军 边宇 张晔 孔维 张阳

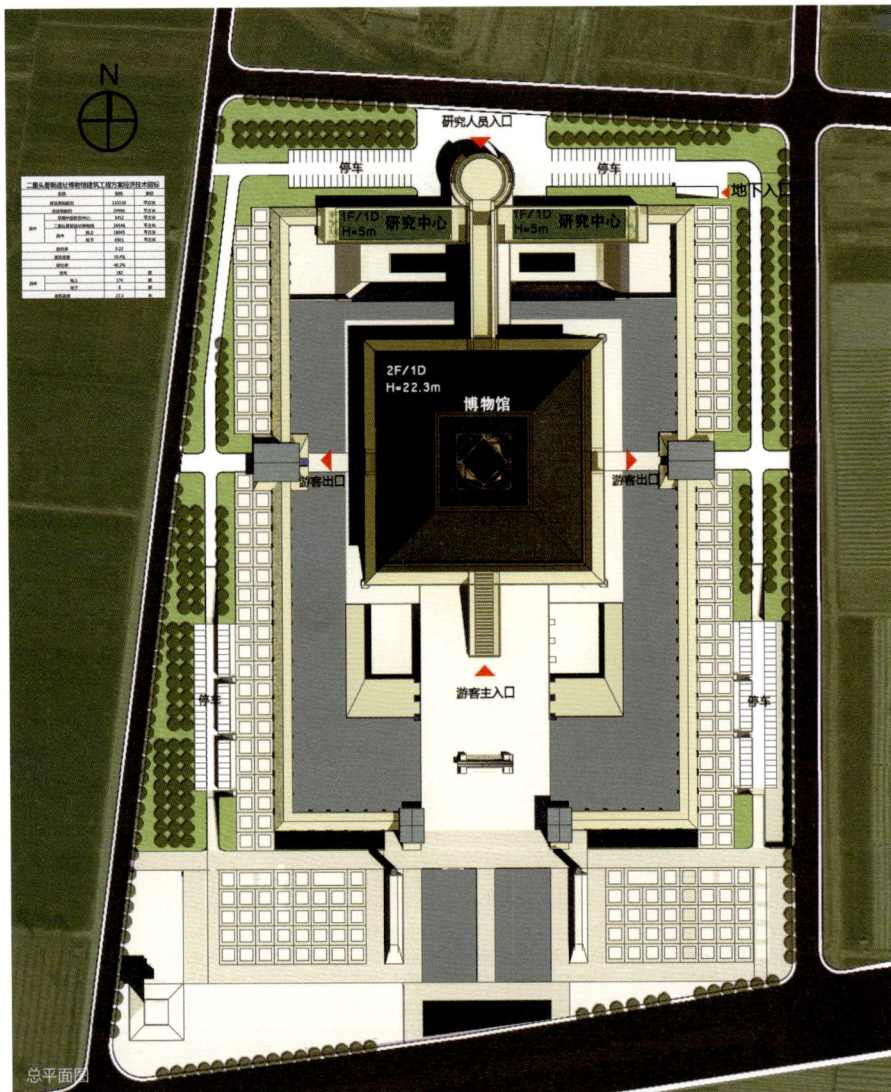

总平面图

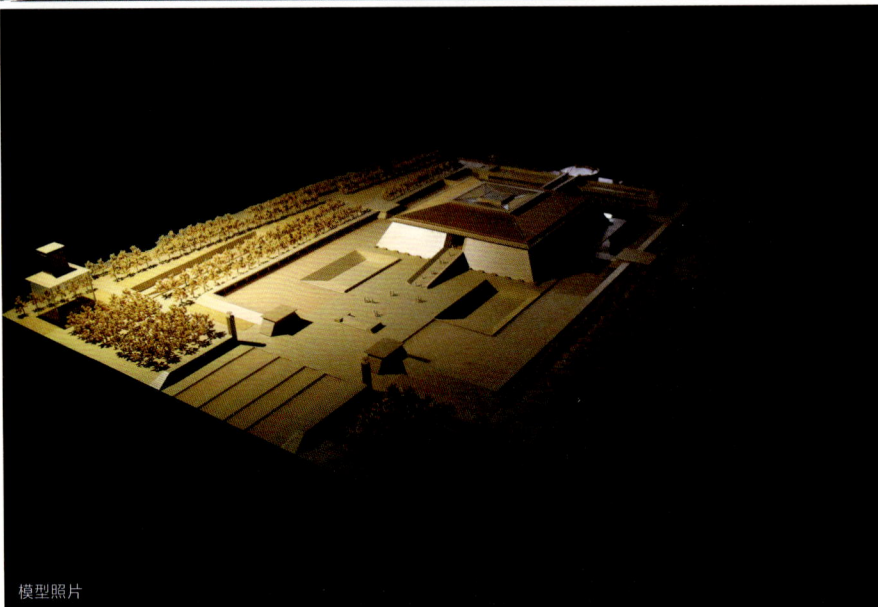

模型照片

西南角人视图

室内效果图

兰州五一山花木科研基地

一等奖 ● 公共建筑／一般项目
● 独立设计／工程设计阶段方案

项目地点 ● 甘肃省 兰州市
方案完成／交付时间 ● 2015 年 6 月 10 日

设计特点

项目位于甘肃省兰州市黄河北岸的白塔山上，毗邻白塔公园，依山望河。兰州市属温带大陆性气候，年平均气温 10.3 摄氏度，夏无酷暑，冬无严寒，年平均降水量为 327 毫米，主要集中在六月至九月。设计理念源于北方传统民居院落体系，与现代建筑语言有机结合，互通互融，突出该地域建筑语素的独有特点。因西北地区降雨稀少，故常见夯土建筑。该方案中，建筑院墙采用夯土墙形式，与地域传统呼应，植根于当地历史文脉，重构建筑形态。室内设计将先锋艺术风格与传统用色相结合，在色彩上突出表现代表太阳与黄土地的金色、天然石材方解石与云母的灰色纹理以及代表四方之北方的玄黑。与该建筑的历史原型夯土建筑只能侧面开洞不同，本建筑主要通过在坡屋顶上开设天窗引入光线解决室内采光问题，有效地弥补了采光不足的问题。

设计评述

方案平面布局与立面设计兼具严谨与有趣两种特性，平面的布局借鉴了北方传统四合院的建筑形制，采用两种有效分割、适度联系的手法，实现办公功能与经营性商业的有机整合。在立面细节的设计上采用局部夸张和虚实对比的方式，完成企业形象的展示与其独特性格的体现。在材料的选择上，青灰砖石延续了传统建筑的语素，然而现代的构建手法又展现了不同于传统的空间类型特征；轻盈透明的条状玻璃承接传统坡屋顶，而坡屋顶又直接呈现桁檩的建构语言，每一处都体现出根植于传统的现代性。

主要设计人 ● 刘军 边宇 张晔

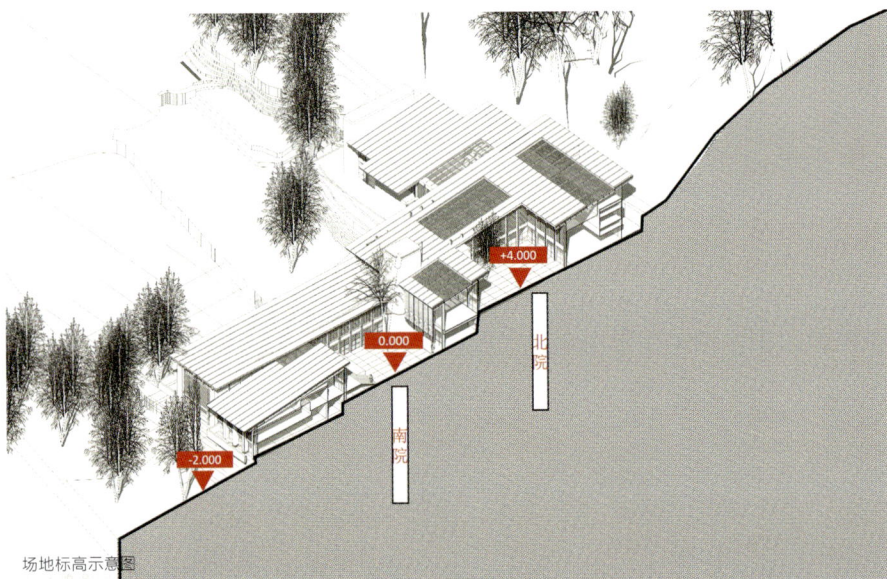

+4.000

0.000

北院

南院

-2.000

场地标高示意图

模型照片

模型照片

模型照片

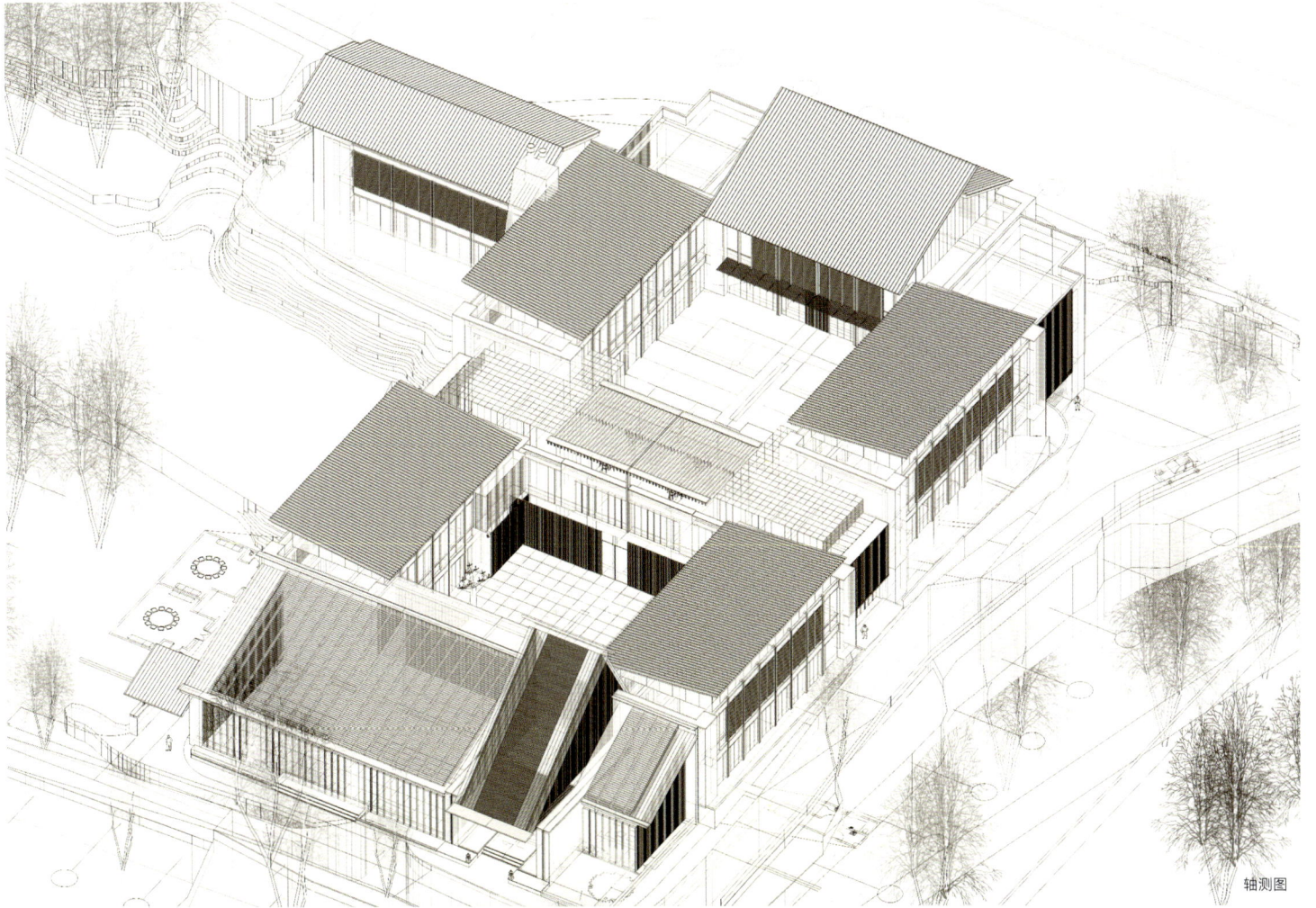

轴测图

入口人视图

丽江机场三期改扩建航站区规划及航站楼

一等奖 • 公共建筑／一般项目

• 独立设计／投标结果未公布

项目地点 • 云南省 丽江市

方案完成／交付时间 • 2017 年 3 月 28 日

设计特点

古城丽江位于玉龙雪山下、三江并流间，以雄奇的自然景观、丰富的生态资源、深厚的人文历史，写就了世界自然、文化和非物质三大遗产的传奇。随着旅游产业的带动，丽江航空旅客量发展迅猛，航站区规划包括本期（2025 年，1100 万人次）、远期（2045 年，2200 万人次）两部分，涉及航站楼构型、空侧站坪滑行及机位布局、陆侧交通系统、景观、商业开发、服务设施等内容。航站楼建筑方案以 2025 年规划为基础，航站楼建筑 9.8 万平方米，未来与现有航站楼联合运营，为单一国内功能航站楼。本期在新建航站楼前新建陆侧综合体，含停车楼约 7 万平方米。

新建航站楼位于现状航站楼东南，方位相互平行，采用"T"字形构形，航站主楼面宽 210 米，总进深为 288 米，商业集中布置。本方案的建筑设计，以功能布局为基础，以结构系统为支撑，以现代的建筑语言着力表达"丽江"和"机场"两大主题。

"T"字构形的主楼相对集中，屋面采用了钢拱壳结构，在主楼的四组值机岛之间形成了三处高空间，支撑结构立于值机岛内部，与屋脊带型天窗共同形成引导旅客通行的无柱空间。收敛的带状拱壳直接向后延伸形成中指廊两侧的双坡屋面，并自然地转向两侧，形成了南北指廊的单坡屋面。利用先进的参数化和 BIM 三维设计手段，塑造出屋顶优美的峰谷线条和坡面，具有空气动力学的流畅形态，如翱翔的羽翼，表现机场的飞行主题，又似雄奇的自然地貌和层叠的民居坡顶，以表现丽江的高山大川和古镇建筑神韵。

设计评述

方案整体构形简洁，较好地利用了陆侧高 - 空侧低的场地高差，功能组织清晰，提高了旅客流线的便捷性。建筑造型、空间设计与结构结合紧密，顶棚外露结构的做法在当今机场中较为新颖，并较好地表现了丽江的山川和民居。

宜再加强近远两期之间的功能联系，形成一个运行主体。

主要设计人 • 门小牛　李树栋　王一粟　杨正道　张崴

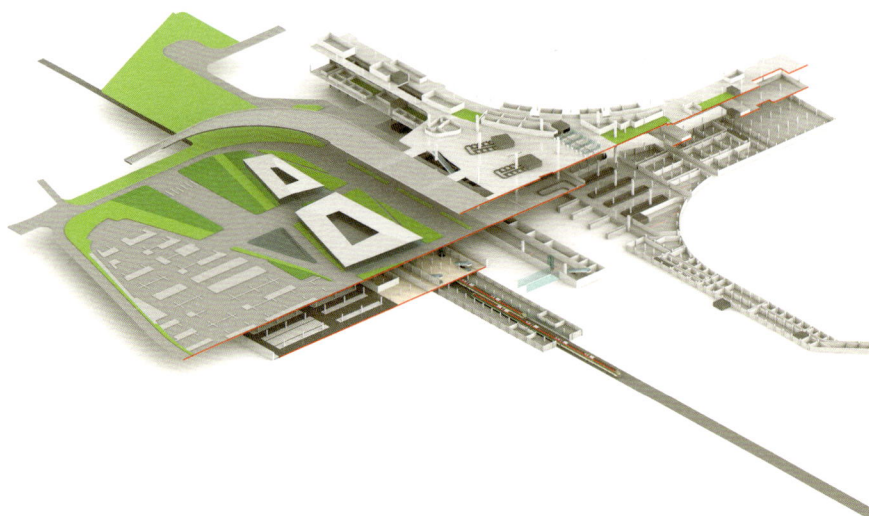

剖轴测图

值机厅效果图

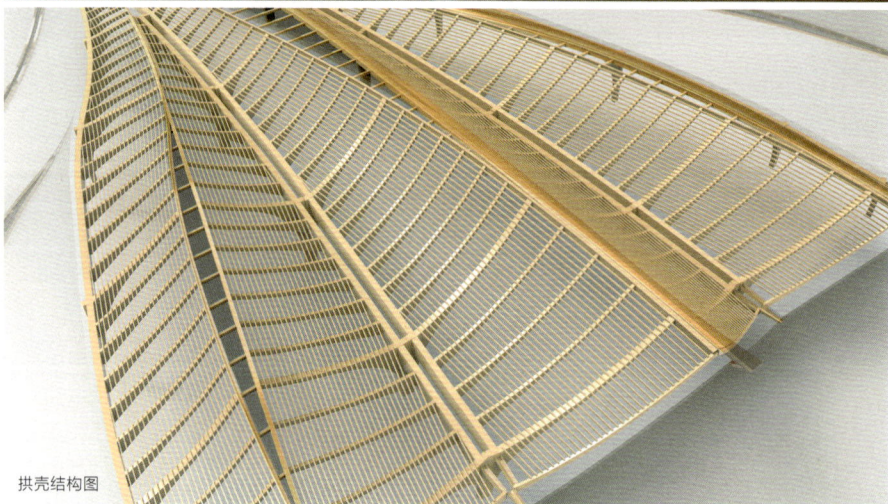

拱壳结构图

正面效果图

鸟瞰效果图

莆田世界妈祖文化论坛会展中心

一等奖 • 公共建筑／一般项目　　　　项目地点 • 福建省莆田市

• 独立设计／未中选投标方案　　　　方案完成／交付时间 • 2017 年 2 月 28 日

设计特点

湄洲岛属于典型的亚热带海洋性季风气候，年平均气温21℃，降雨量大。屋面下面的建筑体块被分成三部分：会议展览中心（可容纳 3000 人）、宴会厅、小型会议及办公。三部分体块通过十字形有顶室外空间相互连接，都拥有独立对外的出入口。"十字街"是一个舒适的半室外空间，设计下沉庭院使其与地下一层商业、文创空间贯通，充分发挥气候优势，引发在半室外空间内催生多种行为的可能性，同时使每栋建筑都有内向的通风换气条件，以改善建筑内部自然通风条件。

标志性是建筑师对项目的初始定位，希望会展中心有足够的体量去形成湄洲岛内一个重要的妈祖文化活动节点，与妈祖山交相呼应。

抽象现代的建筑语言传达多意解读是本建筑的另一个属性。受到传统闽南建筑曲线飞檐的启发，设计通过一体化的大幅度双曲面起翘屋面，将下部建筑体量覆盖为一个整体，其形状又类似一片海浪。整个屋面由若干片状单元——薄膜太阳能发电板组成，太阳照射时，其反射会形成波光粼粼的海面效果，以此表达妈祖文化论坛是一次海洋文化的盛会。

设计评述

建议在方案后期深化过程中进一步确定建筑飞檐造型意向、零散体量及适应当地气候特征利用室外空间的策略。在功能布局上建议研究 3000 人会议厅的多功能使用，整合会展与酒店设计，考虑功能互补；建筑主入口宜布置在西侧，东侧结合海滩设计活动空间；建筑布局要与整体景观规划一体考虑。

主要设计人 • 米俊仁　任振华　杨晶玉　刘碧峤　胡杰　赵熙

夜景鸟瞰效果图

会议中心主入口效果图

走廊效果图

模型照片

模型照片

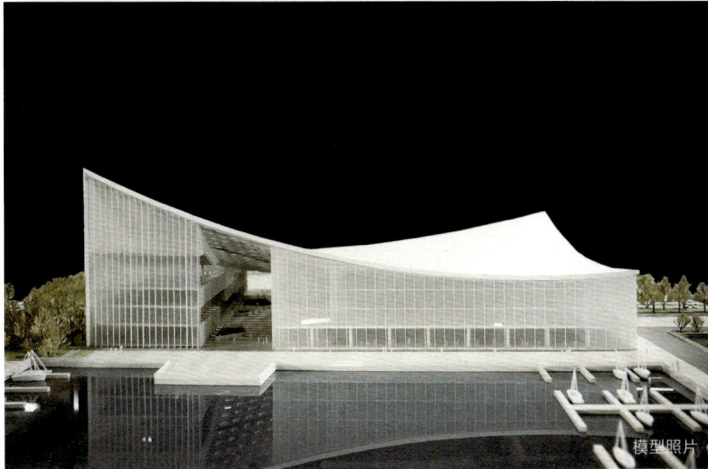
模型照片

模型照片

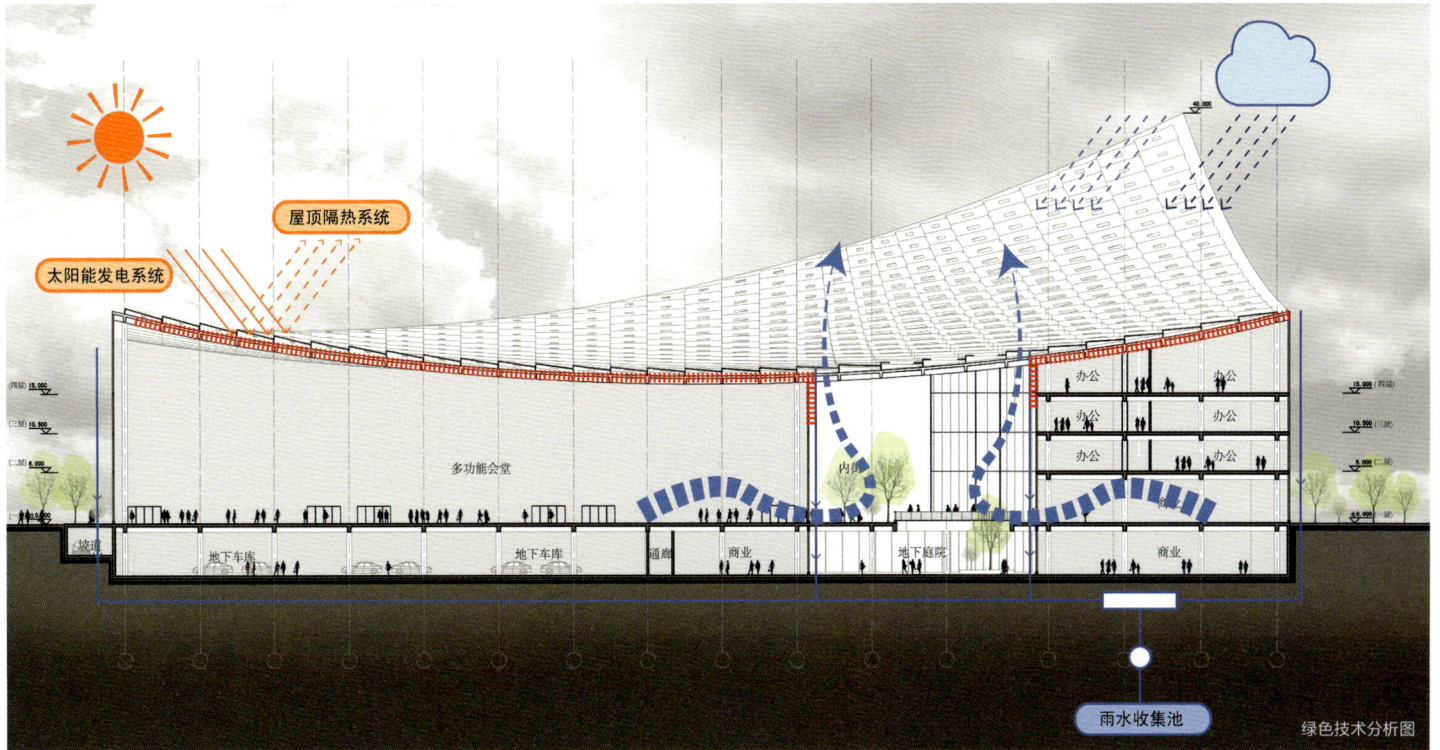
屋顶隔热系统

太阳能发电系统

办公

办公

办公

办公

办公

办公

多功能会堂

内院

坡道

地下车库

地下车库

通廊

商业

地下庭院

商业

雨水收集池

绿色技术分析图

"又见马六甲"剧场

一等奖 ● 公共建筑／重要项目
● 独立设计／非投标方案

项目地点 ● 马来西亚 马六甲
方案完成／交付时间 ● 2017 年 4 月 5 日

设计特点

"又见马六甲"剧场项目位于马来西亚马六甲市的"印象城"地块内部,毗邻马六甲海峡。剧场总建筑面积约 2.4 万平方米;建筑主体 2 层,局部 5 层,总高度 32.5 米。

"又见马六甲"剧场,是定制型主题演绎类剧场。主要平面分为 2 层:首层为服务层,主要由观众入口大厅、贵宾入口大厅、票务／公共服务区、后勤保障区、演员化妆区及设备机房区构成;二层为观演层,主要由旋转观众席、舞台区域、备演区及舞台工艺配套构成;屋顶层设置了观景平台及相关辅助房间。

建筑功能以既往剧场项目数据为蓝本,提取并优化单一观演空间的尺度;建立基本的观演空间数据库;依据剧目要求,确定观演空间的数量、尺度及排列顺序;综合考虑戏剧性、经济性、功能性及建造方式等因素,最终确定适应马六甲演出的独一无二的观演空间。

在技术上,基于马六甲独特的气候特征,及"又见马六甲"剧场演出时间短暂并集中等运营特点,创造性地运用通风廊道、通风竖井、侧高窗及天窗系统等被动式的节能技术,降低项目运营维护成本。

建筑立面材质由白色瓷板、白色单向镀膜玻璃和 LED 构成的标准模组两部分构成。白天,白色调性统一下的瓷板和玻璃,色泽和质感有微差,优雅而不失内涵。夜晚,LED 透过玻璃,呈现出绚烂的画面。

设计评述

"又见马六甲"剧场项目的设计从概念立意到技术实现均有较高的完成度,完美地契合了马六甲人及马六甲地域"兼蓄中西、隽秀内敛"的文化气质。

概念及形象设计意图用极简的色彩及构造方式表达极具变化的形体及立面表情。陶瓷墙板、镜面 LED、叠拼构造所产生的材料阴影均是在充分考虑了当地的地域气候特征及施工条件后,作出的极具创新性和多样性的立面表达。

项目的技术设计中也具有很多创新点,如大面积曲面 LED 和外墙激光投影的结合运用、通风采光设计等等,均为运营期的建筑注入生命般的活力。

但也正因为如此,项目设计中所采用的技术及实现效果应该在施工前进行充分的实验和样板墙验证,以确保工程质量的安全、牢靠、经济及工程实际效果的完美。

主要设计人 ● 王戈 王东亮 王鹏 张镝鸣
张红宇 许雯婷 张睿 马笛

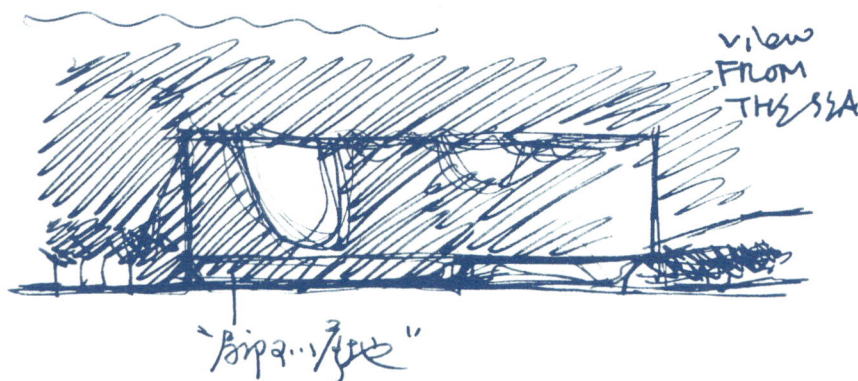

构思草图

构思草图

构思草图

构思草图

剧场入口效果图

日景效果图

北京师范大学盐城附属学校规划（初中部及高中部）

一等奖 • 公共建筑／一般项目
• 独立设计／中选投标方案

项目地点 • 江苏省 盐城市
方案完成／交付时间 • 2017 年 6 月 30 日

设计特点

方案采用"未来书院"设计理念，并引入国际化综合体式校园建筑布局策略，此种布局具有高效性、复合性、弹性的空间特点。方案在整体规划及建筑空间层面吸纳了传统书院的特点，同时也保证了整个学校能够高效运转，节省运营成本。整个设计造型比例适度，空间结构美观，外观明快，线条简洁，体现了简约和实用的特点以及中学生青春活泼的个性。在景观设计中，将北师大文化及盐城当地传统文化进行呼应，注重营造多层次的景观空间效果，与校园内部不同空间形成沟通与过渡，以围合及半围合庭院错落连通校园各个区域，易于初高中一体化教育。学校采用具有盐阜地域特色的粉墙黛瓦的建筑材质、北师大的灰砖和木栏建构，以现代手法诠释双坡屋面。建筑单体采用较浅的进深和较大的采光面，利用自然采光和通风条件，节约能源。校园内植入北师大的"木铎金声"和文化积淀，在设计上，注重建筑空间营造，创建多样的公共空间，推进学校教育变革。

设计评述

设计充分考虑了用地的现状条件，通过对周围环境的分析以及对校园未来使用及发展的考虑，进行了合理的功能布局，使其分区明确有序。整个设计充分考虑城市及校园的文化背景特点，结合当地建筑特色，使得校园和城市统一协调。设计不仅在视觉上对空间进行了整合，也同时考虑了节能环保等因素的影响，这对提升校园的整体品质有积极的作用。在景观层面，本次设计也颇具特色，将中式园林的概念融入景观设计中，大大提升了校园的环境品质。整个设计为学生提供了优良的学习环境，同时创造了丰富的生活空间。

主要设计人 • 王小工 王英童 张月华 盛诚磊 李轶凡 杨秉宏

日景鸟瞰图

东北侧半鸟瞰图

西入口透视图

教学区庭院透视

图书馆

中央大厅

体育馆效果图

图书馆

学部门厅

国家大剧院舞美基地（观众厅）

一等奖 • 室内设计／一般项目
• 独立设计／工程设计阶段方案

项目地点 • 北京市
方案完成／交付时间 • 2016 年 12 月 5 日

设计特点

项目位于北京市通州区台湖镇镇域总体规划一期 A 地块内，用地范围东至湖亦路道路西红线，西至台湖西路道路东红线，南至京通街道路北红线，北至京湖路道路南红线，主要功能包括合成剧场、艺术交流用房、舞美设计用房、演员住宿楼、库房及附属配套用房等。

设计运用了参数化的技术，利用简单的原型——梭形开口，来解决所有的包括耳光、追光、音响在内的技术性的内墙面开口，用新方法创造性地解决了技术和造型的合理性融合问题。

观众厅墙面采用折线元素，通过疏密宽窄的对比，形成丰富整体的墙面效果。同时，里面的凹凸变化对声学起到了良好的作用。板块之间的凹槽处理，增加了近人尺度的细节，完成从室外到室内的尺度转换，更强调了折板的韵律变化。

设计评述

方案在国内史无前例地使用了参数化设计的方法，用简单的梭形开口解决了所有内墙面上技术性的开口问题，用新技术将声学、灯光、音响完美地结合在了一起。项目的设计方法给剧院的观众厅设计带来了新思路，是参数化设计运用在观众厅设计上的革命性飞跃。

建议在后期方案深化时，多考虑原设计土建结构位置，尽量减少后期拆改给业主造成的损失，视线方面需要多视点测试，以保证每个座位都有良好的视觉效果。

主要设计人 • 郭鲲 董雪

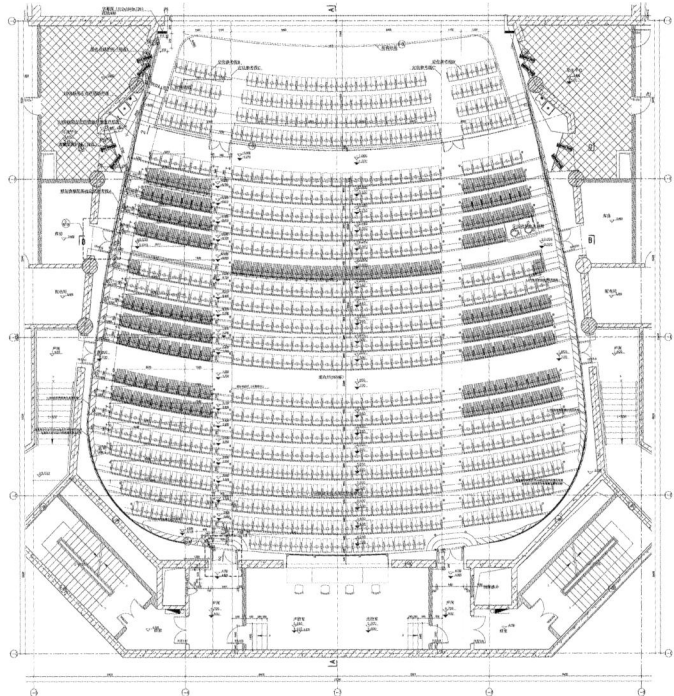

观众厅平面图

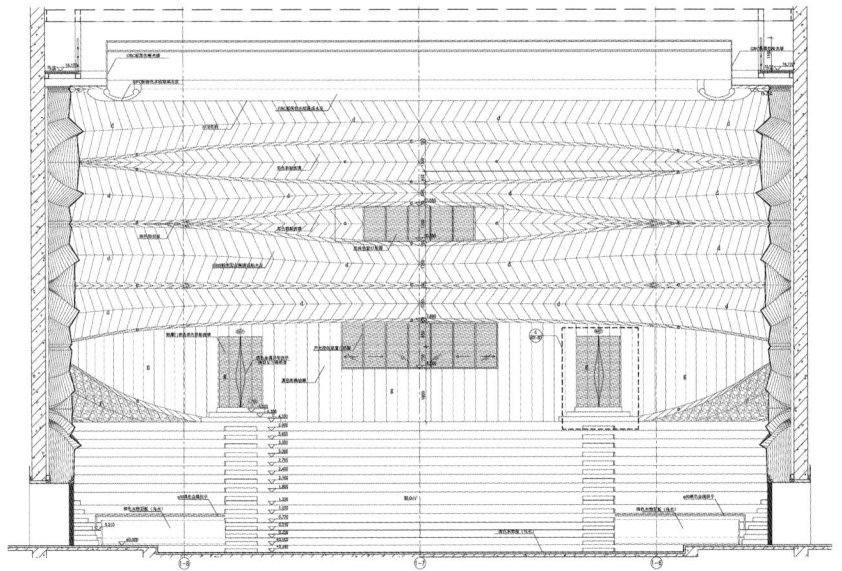

观众厅方向剖立面图

观众厅演出效果图

台口演出效果图

"又见敦煌"剧场

一等奖 • 公共建筑／一般项目
● 独立设计／工程设计阶段方案

项目地点 • 甘肃省 敦煌市
方案完成／交付时间 • 2016 年 9 月 20 日

设计特点

"又见敦煌"剧场坐落于甘肃敦煌市郊，是为王潮歌导演《又见敦煌》情境体验戏剧所定制的专属剧场。

思考敦煌文化，从来不能拘束于一城一地，定要跳到世界文化体系汇流的高度上去。在这样的地方进行建筑实践，思维也必须跳出画面外，从场地、文脉上俯瞰全局。

因此，建筑最终要自然地发展成为场地的一部分，并与当地文脉产生有意义的对话。"又见敦煌"剧场通体湛蓝，坐落于无尽的戈壁荒原之中。它恰如沙漠中的一滴水，以其珍贵无比的含义，隐喻敦煌对于世界文明的意义。

建筑依场地高差变化，逐渐沉入地下。折叠往复的"之"字形下沉坡道，让观众在进入剧场的过程中，其心境也沉下来，慢慢浸入戏剧的情景。剧场内部主要由三个主演出厅及其辅助空间组成。观众在这不到 2 万平方米的剧场内，可以体验千年来的时空变幻。《又见敦煌》戏剧是复杂的，演出厅内部的空间又依丰富的戏剧需求而穷极种种变化。当观众看完戏剧后走出剧场，眺望眼前的荒原与远山，剧场将以其简洁的形体与纯粹的色彩再次冲击观众的心灵。剧场与戏剧，两者之间这种简单与复杂的二元对立，与质朴的莫高窟和内部繁复光彩的壁画暗合，与敦煌粗犷的天地和昌盛的文化暗合。一表一里，又超出表里之外，它打破了此时此景的时空桎梏，给观者带来了无以言尽的思考。

因此，在具体的建筑实践上，如何直抵纯粹，成为建筑师关注的焦点。四种蓝颜色的玻璃马赛克，依从规律的几何化图案排布在外立面。而层层叠叠的玻璃立板，则采用 3 米为模数，其顶部为群山波浪形的曲线，节点隐于马赛克之下。因此，庞大的剧场外立面，其层叠后的光影与色彩是很丰富的，却几乎只由玻璃和玻璃马赛克这两种材料、甚至是玻璃这一种材质组成。建筑也只有做到这样的纯粹，才能与辽阔的天地对话，进而引发时空共鸣，产生更为动人心魄的力量。

设计评述

根据项目处于下沉广场北边缘这一特殊场地条件，建筑被整体设计成沿南部地面逐渐下沉的造型，并以边界模糊的透光玻璃让庞大的建筑体量消隐在茫茫戈壁沙漠之中。建筑依场地高差变化，逐渐沉入地下。观众在经过折叠往复的"之"字形下沉坡道走进剧场的过程中，心境也缓缓沉静下来。走出剧场，现于眼前的是无垠的荒原与远山。剧场内部主要由三个主演出厅及其辅助空间组成。观众在这不到 2 万平方米的剧场内，可以体验千年来的时空变幻。此时他们不再只是看客，而是参与了演出的全过程。

主要设计人 • 朱小地　回炜炜　贾琦　房宇巍　黄古开

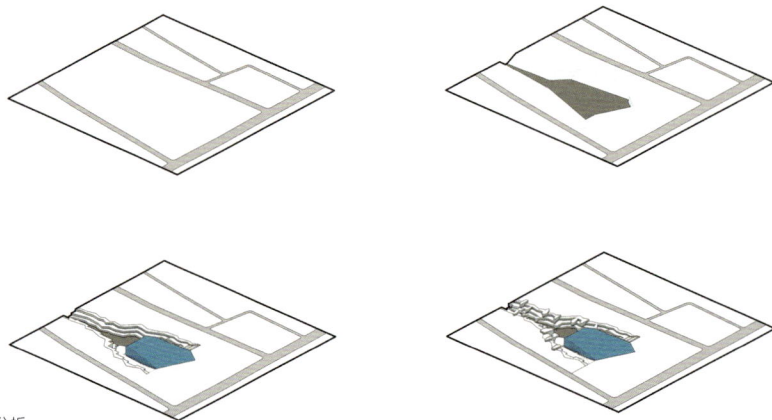
区位分析

整体鸟瞰

表皮细节

人视夜景图

人视日景图

中央财经大学教学楼和教学服务楼室外环境

一等奖 ● 景观设计／一般项目
● 独立设计／中选竞标方案

项目地点 ● 北京市
方案完成／交付时间 ● 2017 年 7 月 28 日

设计特点

项目为中央财经大学沙河校区教学楼、教学服务楼主体设计的延续，是从主体设计、室内设计、景观设计、夜景照明到标识设计等一体化设计的实践。

室内外环境设计基于建筑的表达形式和"活力场"的设计原则，将教学楼入口公共空间、教学服务楼前厅公共空间与室外景观公共空间相互渗透，串联成为连续的公共空间序列，营造舒适、活泼、开敞、自由的一体式"活力场"空间氛围。

通过对场地整体空间的梳理，借助景观手法整理场所整体秩序。结合简洁明快的坡地和大台阶，塑造多种场地地貌来统一视觉和功能，在场地的使用需求不断变化的情况下，不脱离整体规划的基底。为使用者留下选择余地，让他们参与有机模块的局部创造，赋予景观闪光点无限活力：场地中灵活布置了可供师生个性化重组的景观小品和艺术品，这样的细部设计和景观策略贯穿着一体化设计的初衷，体现出"活力场"的设计概念，创造出舒适、轻松、富有活力的校园景观。

设计评述

方案延续了一体化设计的概念，与主体设计、景观设计等基于同一设计原则进行设计。对教学楼入口空间、教学服务楼前厅公共空间与室外景观公共空间进行整体设计。成果体现了建筑和景观专业人员之间的相互促进与默契配合。

在室内外一体化设计的控制下，通过运用共同的色彩、材质、景观小品共同塑造有"生命"的核心活力场：吸引师生参与到场地的个性化再创造中，结合不同的需求创造不同的场所氛围。设置可移动的橙色景观家具，作为校园中多样性的活动载体来缝补和填充校园的活力空间。基于校园重要的中轴线绿化，在保持校园绿带的延续性的条件下，衍生出的景观条带。绿带与人行道绿化相结合，共同为校园师生提供统一明确、遮阴良好的界面。

景观方案应进一步深化，并结合景观照明进行设计。

主要设计人 ● 徐聪艺 孙勃 张耕 王立霞 郭晓娟

总平面图

室内外环境一体化设计

西侧入口景观界面

互动景观广场

接待室外景观

室外景观

西侧立面：完整的绿色界面

敦煌市旅游集散中心

一等奖 • 公共建筑／一般项目
• 独立设计／工程设计阶段方案

项目地点 • 甘肃省 敦煌市
方案完成／交付时间 • 2015 年 6 月 15 日

设计特点

游客中心作为敦煌旅游的"门户"，位于通往市中心的阳关大道南侧，毗邻莫高窟数字展示中心和"又见敦煌"剧场。它以半围合的群落式布局，怀抱来自远方的游人。当地旅游旺季时，天气炎热，阳光强烈。在炎炎夏日，游人进入由大屋顶与厚墙围合而成的大空间，可以在其中休憩。加上透过屋顶与厚墙的阳光，共同营造出身处洞窟之中的感受。这种空间隐喻，既是对当地炎热自然环境的回应，也是对莫高窟给人的身体经验的重现，最终呈现了敦煌印象。

设计评述

如何将城市印象提炼出来并准确、适当地传达给八方游客，是每一个旅游城市在营建游客中心时都要思考的命题。莫高窟是敦煌带给世界的瑰宝。烈阳之下，从大漠戈壁步入洞窟，阴凉的环境与洞口神秘的光线，瞬间可以将人们从燥热的凡世带入清静的佛国。这种独特的身体感知，其从根本上来讲，关乎的是人的感受经验与观想状态。而敦煌市旅游集散中心，正是对这种经验状态的呈现。

主要设计人 • 朱小地　回炜炜　贾琦　房宇巍　黄古开

总平面图

鸟瞰效果

入口透视

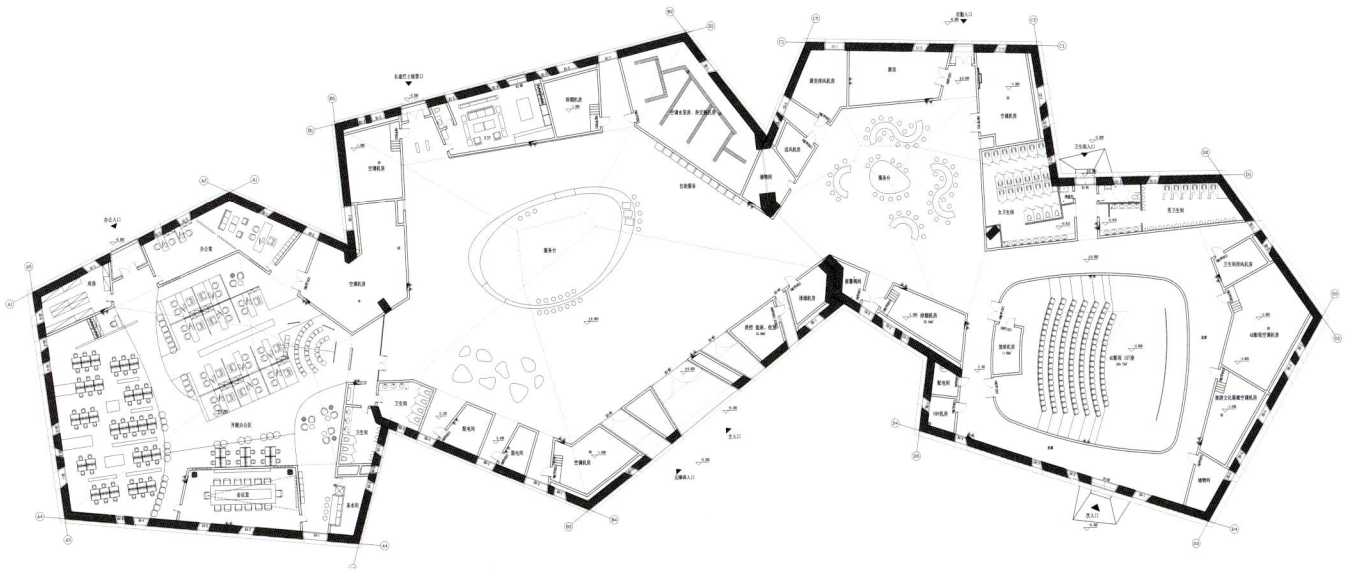

平面图

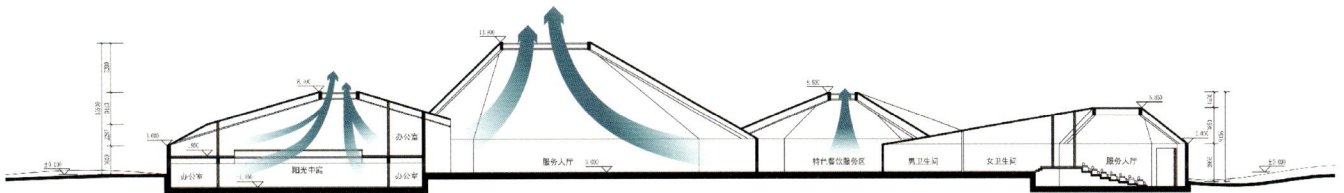

剖面图

服务大厅

河北省第三届园林博览会绿色馆

一等奖 ● 公共建筑／一般项目　　　项目地点 ● 河北省 秦皇岛市
● 独立设计／中选投标方案　　　方案完成／交付时间 ● 2017 年 4 月 10 日

设计特点

方案位于河北省第三届园林博览会核心位置，也是园区南部唯一的标志性建筑，是园博会重要的空间节点。用地周边有自然的水系以及规划的花谷展区，景色优美秀丽。

设计以高度理性的角度审视建筑与环境、人工与自然的关系。建筑本身为温室类建筑，但在园博会期间承载着展览功能，所以方案在建筑形象、功能、设备系统等方面会受到温室建筑的限制，并要同时兼顾展会时的会展功能。

建筑主体结构和外围护结构均严格按照标准模数进行设计，采用装配式建造工艺；对温室建筑的采光、通风、遮阳、加湿、检修、清洁能源利用等功能进行整合，充分利用自然条件和人工调节手段，以达到在夏季完全无需运行空调系统的目标。建筑形象追随建筑功能——简洁、理性、高效，大量的开启门窗扇结合透光的立面材料，使得建筑轻盈通透，开放的界面模糊了建筑与环境的关系，也使得人工与自然有机地结合起来。

设计评述

方案整体形象简洁有力、轻盈通透，对钢材、玻璃和透光膜材的处理也十分合理，整体模数化设计以及温室条件的整合已经较为深入，具有较强的实施性。

在后面深化设计过程中要注意：1. 主体结构尤其是大跨度结构的装配式设计的深化。2. 由于温室内设备较为冗杂，深化过程需要多方面进行调研，注意进行统筹和整合，以保证最终效果。3. 方案屋面系统构造层较复杂，需要对排水、融雪设计进行深化，同时也需要对施工安装进行考虑。

主要设计人 ● 徐聪艺　孙勃　张耕　李瀛洲　安聪　范颉
　　　　　　安桢　王霞　李帅

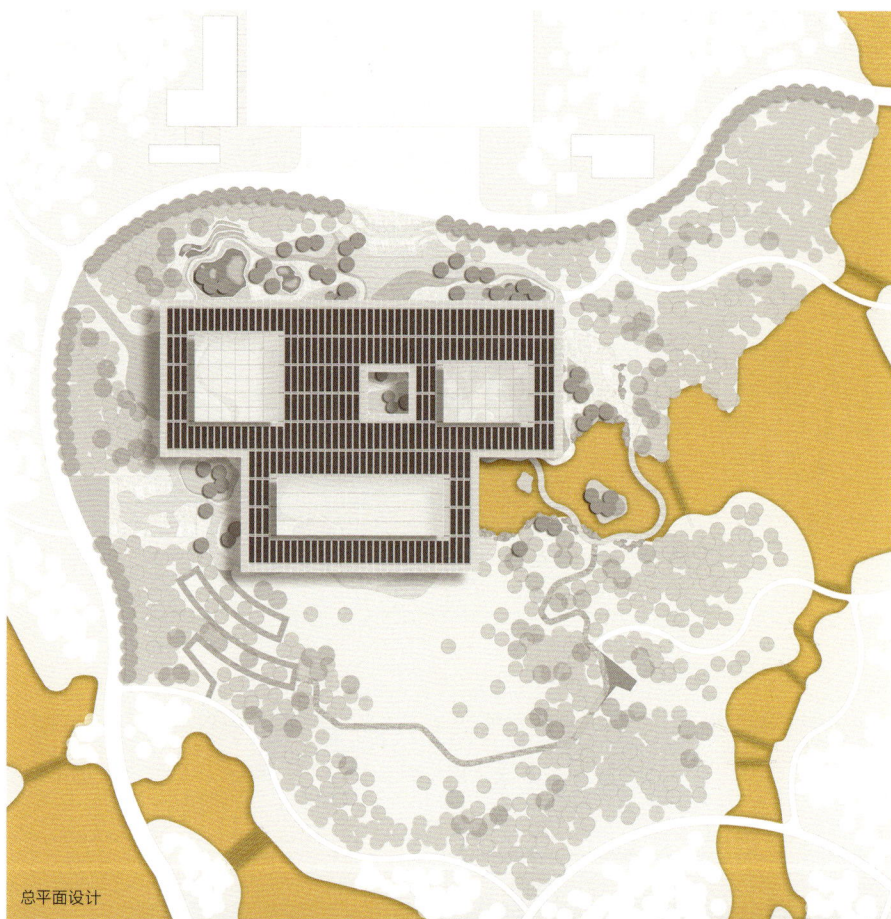

总平面设计

室内人视效果图

室内人视效果图

室内人视效果图

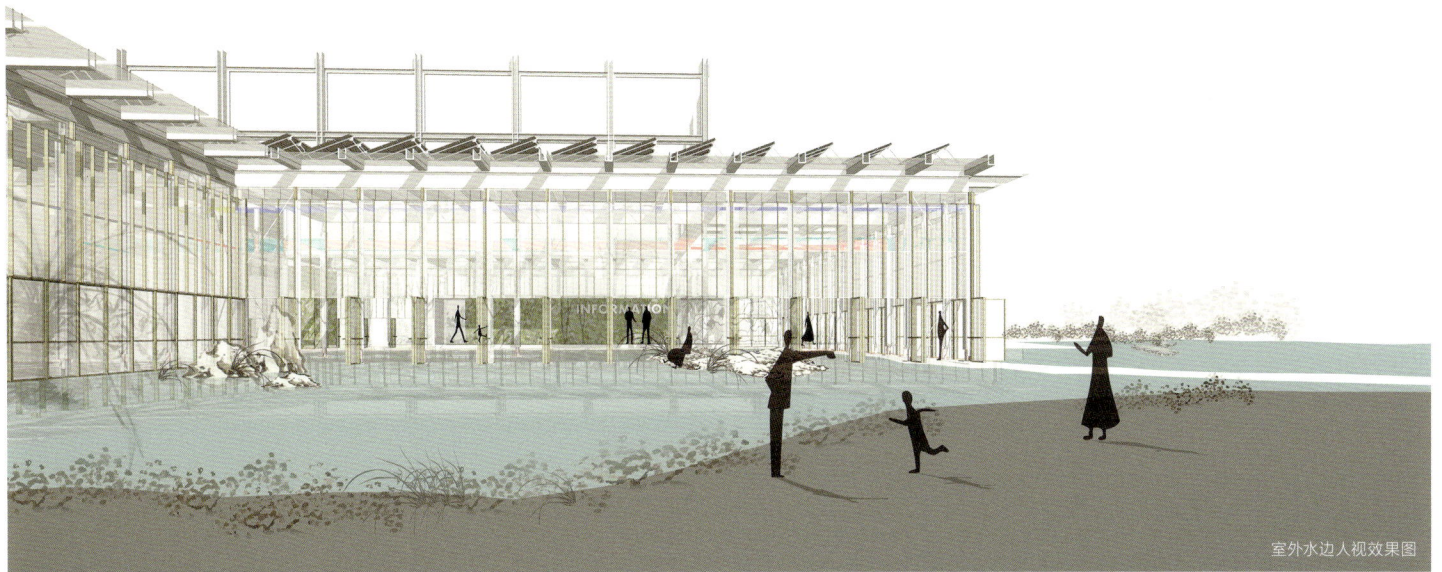

室外水边人视效果图

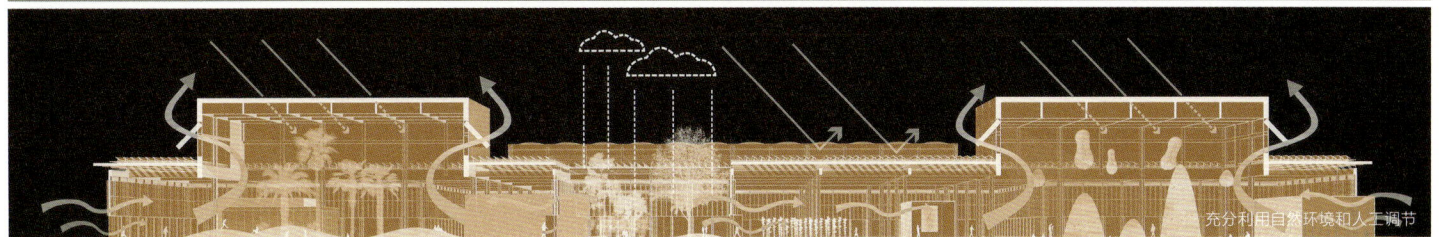

充分利用自然环境和人工调节

河北省第三届园林博览会主展馆

一等奖 • 公共建筑／一般项目
• 独立设计／中选投标方案

项目地点 • 河北省 秦皇岛市
方案完成／交付时间 • 2017 年 4 月 10 日

设计特点

项目为河北省第三届园林博览会主场馆，总面积 1.6 万平方米。地上建筑面积 1.4 万平方米，地下 0.2 万平方米。建筑形式为结合现代设计语言与中式大屋顶的新中式建筑。

设计融合建筑与景观，以中国皇家园林层层递进的建筑景观空间形式为设计手法，在场馆的东西主轴线上布置建筑功能与内部院落。建筑南北立面上开启如画框般的开口，透出后方的景观层次与建筑体量。在外立面，内院创造建筑与景观层次相互叠加的效果，以此点题"寻翠入画镜，层层入画"的设计理念。

建筑中央多功能大会厅的中式屋顶在结构与细节处理上存在一定挑战，现已完善。建筑功能考虑会后的可持续利用，在通过与业主方以及本次园林博览会的活动策划团队进行反复沟通后，已明确和完善。

设计评述

建筑形式语言应简洁大气。应完善园林博览会会时、会后的流线与功能。需要验证会议辅助功能，如准备室、卫生间等是否有足够的面积。由于工程周期较短，任务较重，需要进一步明确博览会会时、会后的使用范围及功能。

主要设计人 • 徐聪艺　孙勃　张耕　韩梅梅　周士甯
　　　　　　梁珂　张良　贾弢

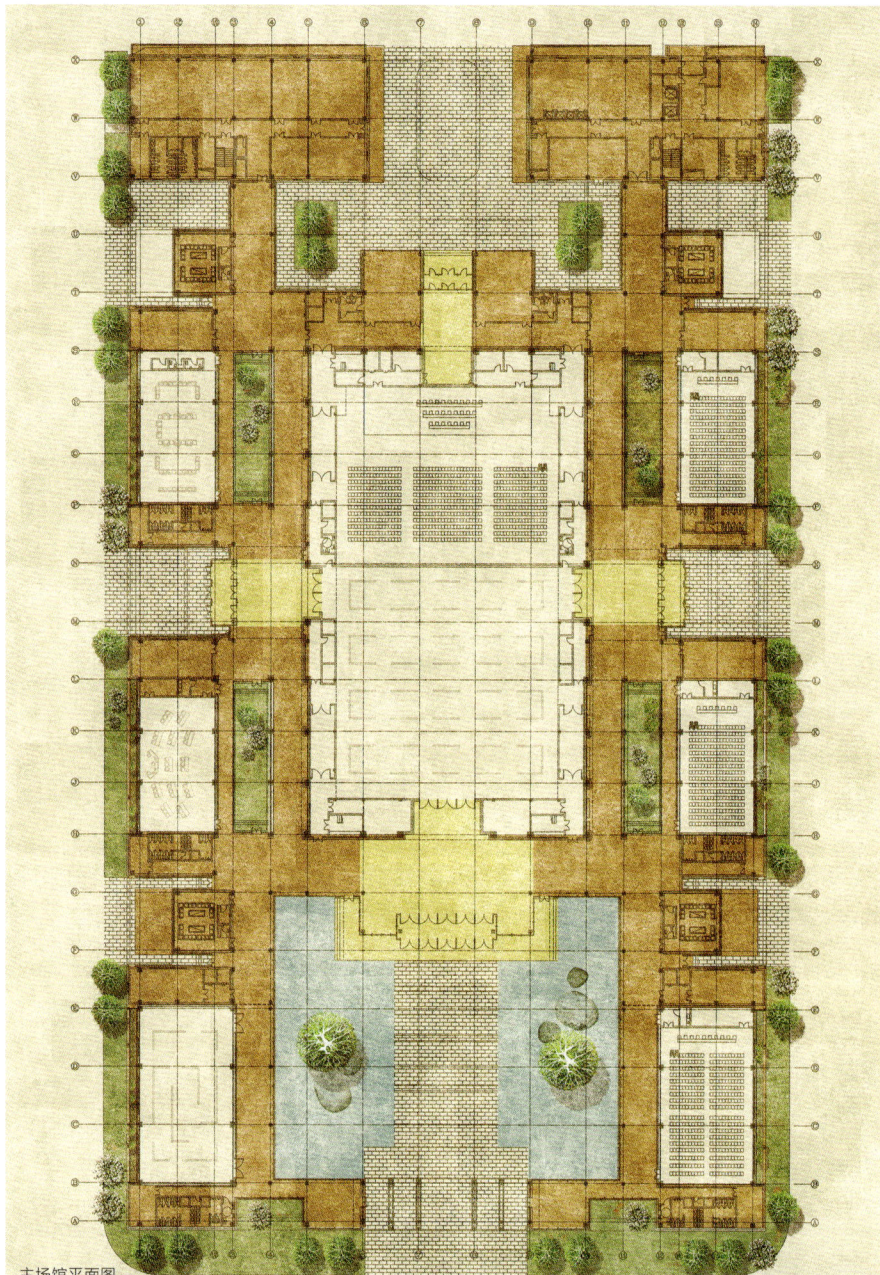

主场馆平面图

主场馆立面图

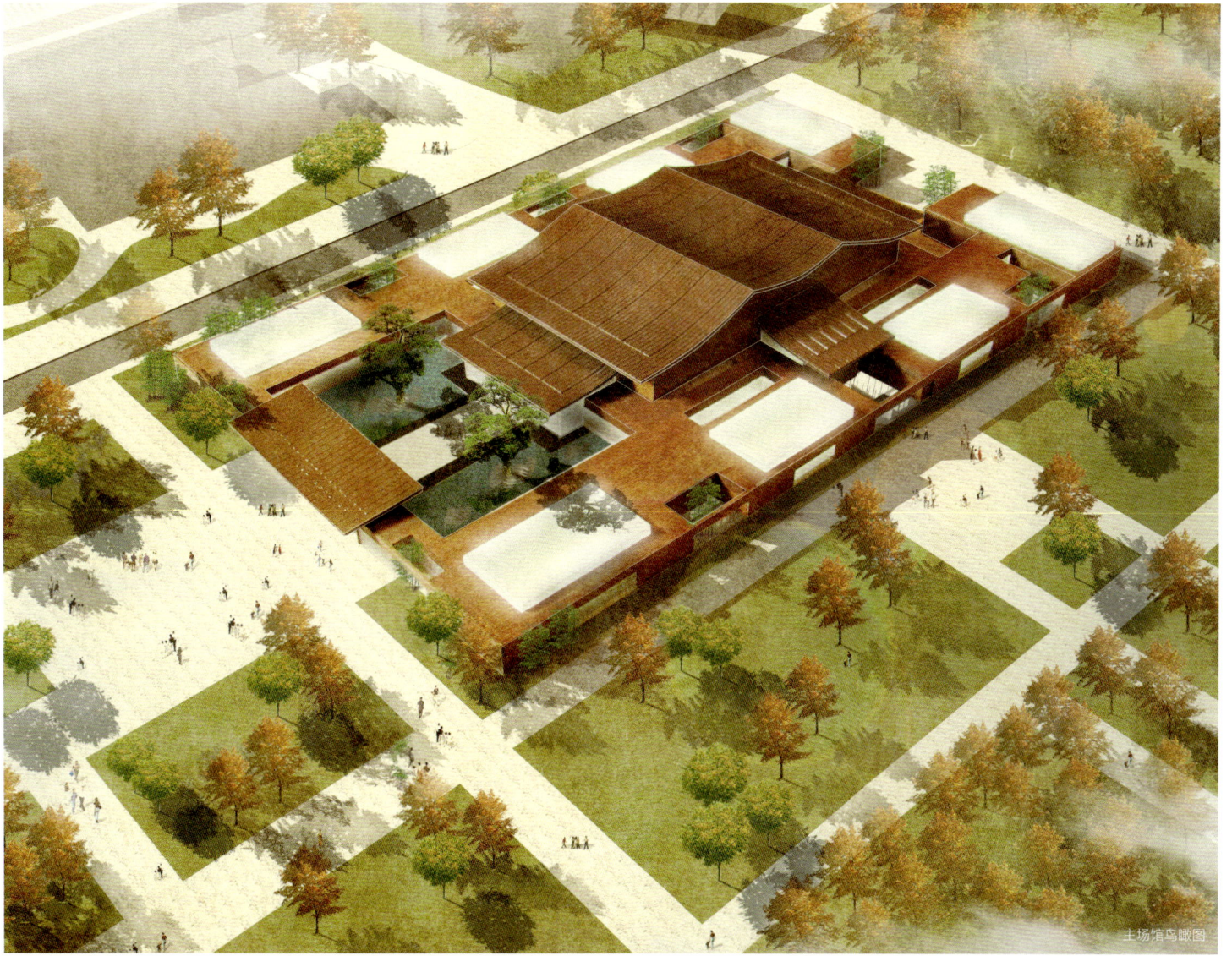

主场馆鸟瞰图

主场馆剖面图

人大附中深圳学校（九年一贯部）二期

一等奖 • 公共建筑／一般项目
• 独立设计／非投标方案

项目地点 • 广东省 深圳市
方案完成／交付时间 • 2017 年 8 月 4 日

设计特点

人大附中深圳学校（九年一贯部）二期工程用地位于深圳葵涌中心区，占地面积 14125 平方米，建筑面积 35019 平方米。用地南侧为山体，北侧为城市道路，其余周边为二类居住用地。项目一期为小学 1~4 年级，共计 20 班，现已投入使用。此次针对二期展开设计，二期为小学 5~6 年级，初中 1~3 年级，规模为 24 班，主要功能有：教学、报告厅、体育馆、游泳馆、可接送车库等。

此次设计的关注重点包含以下内容。尊重校园所处的自然环境：项目用地紧邻山体，且部分山体延伸至红线内部，项目保留山体并依其组织校园景观，建筑布局避让山体，同时形成主题庭院——保留山体的自然体验庭院、解决地下空间消防采光的下沉庭院以及面对初三教室且相对独立的运动庭院。绿色科技和学生形成互动：校园首层屋顶结合架空层设置绿色种植蓄能屋顶，可调节室内外微气候，且成为学生日常的重要活动场所，可以在这里种植、组培、休憩、研讨等，真正实现了把绿色融入科技、生活融入绿色，且使得校园建筑的形体空间呼应了起伏的山体。功能性空间和非功能性空间具有同等教育价值：可促成随时随地的交流是新型教育理念对校园空间的要求，关注教室等功能空间的同时，对廊、厅等非功能空间给予同等重视；充分合理地利用地下空间：受用地和规范的限制，将部分空间置于地下，通过下沉庭院解决其消防、采光等问题。

设计评述

人大附中深圳学校九年一贯部二期工程用地紧邻山体，并且山体的一部分延伸至红线内部，使得原本紧张的用地更加局促。方案非常积极地保留了红线内的山体，并使之成为校园景观的重要组成部分。

同时，根据功能需求将三栋单体巧妙摆放，一方面避开了山体，另一方面形成了不同功能和不同主题的庭院，使得建筑在呼应大环境的同时满足了自身的功能需求。此外，在地上功能（普通教学）和地下功能（公共教学）之间置入了绿色种植蓄能架空层，使绿色渐次升高，最终和山体融为一体，这一创造性的手法将自然的山体和校园的景观高度融合，并且绿色架空层是学生们非常容易且乐意到达的活动场所，这样的设计开放且不空洞。该设计还将大量功能置于地下，并与消防部门积极沟通，解决了消防疏散问题，将大量的地面空间留给学生活动，是一种节地且可持续发展的设计策略。

在教学组团的布置上，打破以往传统的单廊式平面，营造了大量可促成随时随地交流的空间，且通过设置核心筒解放整个楼层，预留发展的可能性。

主要设计人 • 王小工　王铮　丁洋　胡英娜　卢植　何亚琴　杨晨　高诚

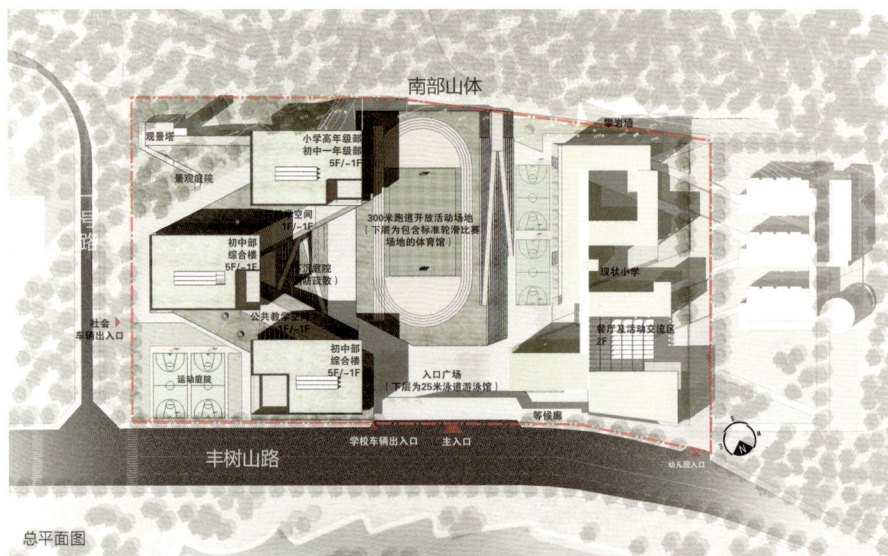

总平面图

整体鸟瞰

夜景鸟瞰图

剖透视图

内庭院效果图

斯里兰卡波隆纳鲁沃国家肾内专科医院

一等奖 • 公共建筑／重点项目
• 独立设计／中标投标方案

项目地点 • 斯里兰卡 波隆纳鲁沃
方案完成／交付时间 • 2017 年 5 月 20 日

设计特点

项目主要建设内容为一所肾内专科医院，建设地块位于斯里兰卡波隆纳鲁沃老城区东部，北临 Batticoloa 路，西距波隆纳鲁沃地区综合医院 600 米。项目建设用地面积约 7.25 公顷，总建筑面积约 25210 平方米，须满足 200 个住院床位、100 个透析床位以及适量医护人员宿舍等建设需求。方案设计中关注以下三个重点。

建设一个有斯里兰卡特色的医院：设计采用斯里兰卡传统"康提式"屋顶，建筑群以黄色、白色的外墙与红色筒瓦搭配，医院主体建筑沿主街展开，入口门廊、门诊大厅以及两侧的门诊楼、血透中心、行政楼、钟塔形成了高低起伏的天际变化。室内设计选用当地常见的白色与深棕色系，屋面为仿木构设计，设置采光带及通风窗，具有浓郁的地方特色。

建设一个尺度宜人的花园式医院：肾病是一种慢性病，病人需要经常到医院治疗。设计采用有利于建筑环境的中心花园式分散式布局，从而创造了更好的通风、采光条件和微气候。建设一个绿色的低运维成本医院：当地多雨潮热、日照强烈，设计采用了必要的遮阳措施，一层设置竖向壁柱，二层屋檐尽量挑出，外窗采用深窗洞，以有效地节约电力，降低运维成本。

设计评述

项目方案规划整体性强，空间排列有序，功能合理；建筑造型富有斯里兰卡地域特色；采用成熟、适用的建筑设计手段和技术措施，降低能耗，并有效降低了运维成本；作为医院建筑，该项目方案设计在功能流线合理的基础上，也具有较强的艺术表现力，综合体现了援建项目的设计水准。

主要设计人 • 李诗云　查世旭　周笋　徐楠　安源
　　　　　　田浩　罗辉　吴威

鸟瞰图

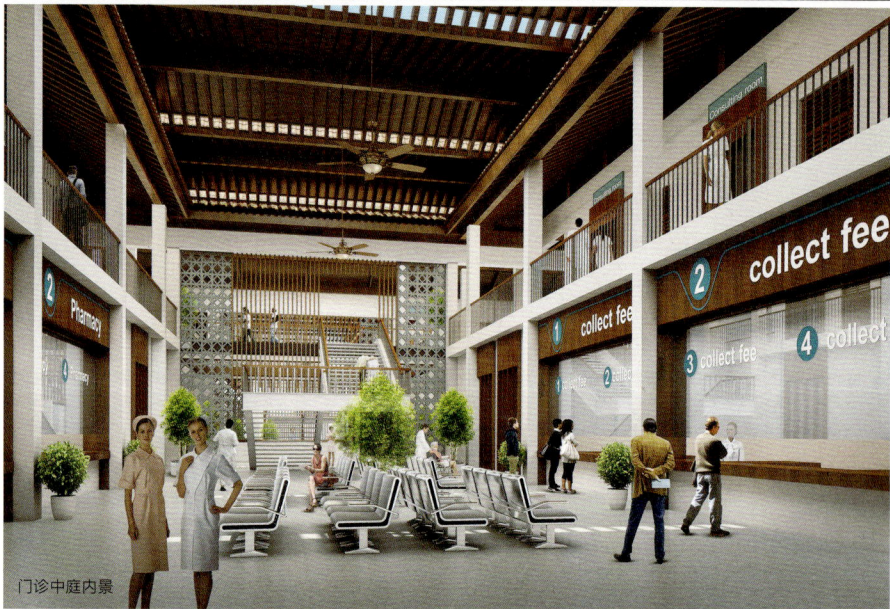

门诊中庭内景

门诊入口大厅内景

主入口大视

主入口人视

中部室外庭院

太原滨河体育中心扩建及网球中心

一等奖 • 公共建筑／一般项目

• 独立设计／未中选投标方案

项目地点 • 山西省 太原市

方案完成／交付时间 • 2017 年 1 月 23 日

设计特点

项目分属南北两个地块。南侧地块为原滨河体育中心，包括5000 人体育馆、训练馆及沿街多层商业建筑（将拆除），体育馆前区设有对外出租的篮球场。北侧地块周边被高层住宅建筑包围，目前用地内的原有建筑被全部拆除。建设用地东邻汾河景区，周边林立着以住宅为主的高层建筑。建筑师将整个项目定位为一座城市体育公园，并且强调它的可经营、可运营性。

绿色策略是设计的重点。北侧地块采用下凹绿地，地面铺装大面积采用透水铺装，在城市中形成一块巨大的"海绵"，将雨水回渗至土壤。景观设计体现野外的感觉，一是使之与城市环境形成鲜明对比，二是降低整个场地室外景观的维护成本。整个地下一层为室外区域，具备自然通风和采光的条件，并设计地面导光筒，加大自然光的利用量。

将全民健身中心、运动员宿舍及相关配套功能布置在南侧地块，与改造后的场馆形成一座城市级体育综合体。我们将北侧地块整体设计成绿植生态公园。建筑布置在用地临近道路一侧，用地北侧实土绿地逐渐爬升到建筑屋顶，并且跨过道路连接至南侧地块的建筑平台和地面，形成联系南北地块的绿色公园。北侧地块开发强度低，以公园和室外运动场地为主，成为市民喜爱的户外活动场所。在城市中设计一片绿色森林，使之成为城市的一个新的焦点。

设计评述

这个项目将建设在密集居住区中的体育馆打造成城市公园的想法值得提倡与褒奖。就此项目来说，各项比赛开始时，各类演出举办时，在这座体育馆周围居住的居民们可能要忍受嘈杂的环境、拥挤的交通、射进室内刺眼的灯光，这些会让他们对这座城市地标建筑投以怎样的目光呢？在最大化减少运动赛事对周围居民影响的同时，为民众提供尽可能多的城市公共空间、自然空间，是智慧而负责任的。建筑师在进行设计时，应当去发现隐藏在推动城市发展的建设背后的矛盾。这些矛盾就像复杂的数学题一样，等待我们去审题、解答。虽然解决问题的方向有很多，但一定有对城市和民众伤害最小化、利益最大化的答案，只是需要建筑师用大量的时间与智慧去寻找。可能会走些弯路，可能会付出一定代价，但是，从历史纵向的眼光去看，这一定是值得我们去做的对的事情。

主要设计人 • 米俊仁 沈晋京 任振华 杨晶玉 胡杰 赵熙

东南鸟瞰效果图

西北鸟瞰效果图

体育馆近景人视效果图

网球馆入口效果图

人视效果图

模型照片

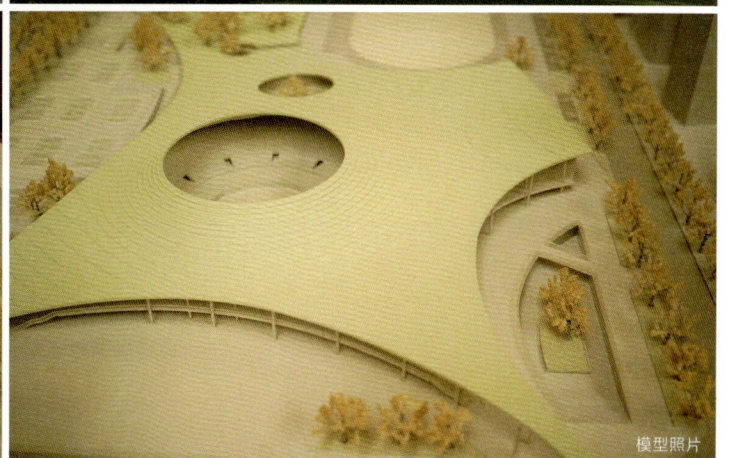
模型照片

北京小米移动互联网产业园室内设计

一等奖 • 室内设计／重要项目
• 独立设计／工程设计阶段方案

项目地点 • 北京市
方案完成／交付时间 • 2017 年 5 月 8 日

设计特点

小米移动互联网产业园项目位于北京市海淀区西北旺镇安宁庄西路，规划与建筑设计为 BIAD 原创方案，地上三栋办公单体，地下为整体服务配套设施，目前土建工程已接近封顶。项目建成后约有 2 万员工入驻，主要是从事互联网研发及服务的年轻工作者。

物理空间是鼓励人与人合作的最大杠杆，互联网行业中最大的驱动力是偶然的互动。一个不经意的交谈，经常能碰撞出灵感的火花，促进企业及产品发生更新与进化。为了实现这一点，本次室内设计，力图塑造一个交往社区，创造各类开放而有趣的空间，促进员工间的交流。我们希望在员工有工作压力时，会有同事来帮助排解。在这样的环境中，员工会更忠诚，更有生产力，而不仅仅是企业机器中的齿轮。

本次室内装饰设计主要涉及办公、会议、接待、餐饮、康体、会所等空间。研发办公部分布局灵活，融合各类正式与非正式会议交流空间，创造活跃轻松的工作气氛，体现互联网企业的特色与朝气。各类辅助部分以创造简洁、清晰、方便阅读的空间为基本设计方向，在推敲空间比例尺度的同时，传达富有视觉艺术感的空间表情，注重材料、家具、灯饰的协调与对比。在控制基本空间简洁大方的基础上，突出活跃因素、材质品质和色彩对空间的表现力度，体现小米公司对精良品质的追求和年轻有活力的特点。

设计评述

项目室内设计方案充分呼应了建筑设计，与建筑设计一脉相承。设计涵盖了办公及其附属功能，充分体现了互联网企业的办公特点，平面功能布局合理，设计细节到位。

主要设计人 • 马泷 陈文青 赵雯雯 郭世方 刘伟 薛辰
刘思思 吴迪 臧文远 张晋 张葛

员工大堂效果图

连廊效果图

企业会所效果图

员工餐厅效果图

员工餐厅效果图

篮球馆效果图

张家口教场坡棚户区改造

一等奖 • 居住建筑及居住区规划／一般项目
• 独立设计／非投标方案

项目地点 • 河北省 张家口市
方案完成／交付时间 • 2017 年 1 月 5 日

设计特点

为迎接 2022 年冬奥会，河北省张家口市进行了一系列城市更新改造工作。项目位于张家口桥西区城市核心地段，为传统的滨河商业区。张家口市政府对设计地段的 210 亩棚户区进行整体城市更新设计，本项目也是张家口市的奥运城市更新重点项目。

项目楼盘规模巨大（28 万平方米），有 13 万平方米的回迁面积，如何安置这部分需求？应对策略是将整个项目分为东西两个楼盘，分别打造，在规划上将东西两个楼盘做出区别。西地块楼盘定位为刚需盘，面对刚结婚的夫妻、学区房投资用户以及回迁户。东地块紧邻清水河，利用河景，定位为高档楼盘，面对较高收入阶层和改善型需求，个别大户型做出在张家口的品牌效应，树立楼盘形象和开发商品牌。

整个项目被定位为全新城市地标形象，基地南侧的 150 米超高层酒店综合体定位为"都市地标、城市客厅"，造型简洁大气，功能布局经济合理。建筑意向为"冰川雪道、河畔灯塔"。建筑立面的分格采用了冰川雪道的表皮肌理，酒店顶部的观光层在夜晚灯光的渲染下犹如一座城市灯塔，造型寓意结合张家口冰雪城市的特点，也表达了对清水河景观资源的理解和提升。

设计方案整合了当地的商业资源，在东地块北侧原有住宅旁布置了连片成组的商业建筑。考虑与该住宅的间距和日照，东地块北侧不能布置出合适的住宅产品，另一方面考虑河畔沿街商业资源，本案创造性的设计一条商业街和滨河景观带连接形成一个"U"形的步行街围绕东地块，极大地提升了商业价值。

设计评述

设计方案较好地平衡了社会价值和商业价值之间的关系，能够实现城市品质和开发商经济效益之间的平衡。方案最大的亮点有三个，一是利用城市道路和场地的景观资源，规划了不同特色和客户定位的居住组团，组团设计和客户定位完全吻合且在规划空间形态上又能达到统一性；二是南侧地标综合体的设计紧密结合张家口冰雪城市的特点且功能经济合理，东组团的商业街做得很有特色；三是在户型设计上有一定创新。

主要设计人 • 颜俊 徐枫 黄舟 牟丹 戴言 朱芷莹

总平面图

鸟瞰效果图

沿河雪景效果

清水河整体夜景

北京鼓楼西大街街区整理与复兴计划

一等奖 ● 城市规划与城市设计／重要项目
● 独立设计／投标结果未公布

项目地点 ● 北京市
方案完成／交付时间 ● 2017 年 6 月 5 日

设计特点

鼓楼西大街，位于北京市西城区什刹海北岸，与地安门外大街、旧鼓楼大街、鼓楼东大街在鼓楼相接，毗邻北中轴线，逶迤直奔西北，近德胜门而止。街道全长约 1.7 公里，项目研究范围总占地面积约 100 公顷。

基于鼓楼西大街街区特点，整理与复兴计划以高品质风貌休闲区为规划定位。基于总体定位，颠覆传统改进式治理思路，立足于街区现有的公共空间被占用、停车设施匮乏、设施布置杂乱、现有业态低端、配套商业不足、开墙打洞严重及传统风貌流失等问题，在解决问题的基础上形成地区新的发展动力，探索在城市治理方面新的合作模式，鼓励居民、企业等建立与地方政府的合作与伙伴关系，有效动员、引导社会参与，推动共治共享，激发社会责任意识，解决地区现存问题，实现"乱象治理＋品质提升"。进一步改进地区提升工作的思路，由"城市管理"向"城市治理"的方向进行转变。街区整理与复兴计划从"空间形态、环境生态、经济业态、文化活态"四个层面入手，开展交通组织、立面整治等多项街区整理提升工作。

设计评述

项目地理位置重要，周边及基地内部现状环境条件复杂。项目组经过反复多次实地调研、搜集整理、分析梳理，在掌握了翔实的基地现状资料的前提下，结合北京旧城"保护、整治、复兴"的规划理念，以尊重历史、保留旧城肌理、有机更新、整体提升的规划策略进行设计。

设计组在基于宏观总体定位的前提下，将街道分为多个特色段落，针对各个段落赋予不同层面的定位，实现街道空间的功能完善、风貌统一以及特色彰显。针对街道各段落特色，发掘特色节点，同步深入开展节点设计，充分体现各段落定位特点及文化底蕴，创新性地探索符合新时期北京发展建设导向、符合居民生活品质提升的需要、符合旧城整体保护原则的空间模式。

主要设计人 ● 吴晨　郑天　沈洋　贾金旺　李竹影
　　　　　　　肖静　刘立强　陈剑川　王雨　杨睿
　　　　　　　李想　吕文君　刘钢　孙慧　张静博

鸟瞰效果图

西侧总体效果

甘露胡同

人行步道节点

元代码头段落

北京鲜活农产品流通中心

一等奖 • 公共建筑／重要项目　　　　项目地点 • 北京市
• 独立设计／工程设计阶段方案　　　方案完成／交付时间 • 2015 年 11 月 30 日

设计特点

北京鲜活农产品流通中心位于北京市朝阳区黑庄户乡，总用地面积 166012 平方米，总建筑面积 616450.64 平方米，其中地上建筑面积 332025 平方米，地下建筑面积 284425 平方米。建筑高度 30 米。项目将创新、协调、绿色、开放、共享五大设计理念贯彻到设计的各个方面。在设计方法上，借鉴了亚欧农产品流通模式的典型案例经验，并结合当今国内农产品的流通模式开展设计；进行了物流、冷链、交通、城市设计等多项专题研讨；依托业主制定的基于互联网技术的运营方案，形成具有以下特色的设计方案成果：以专用高架路为主导、"一主四辅"的外部交通设计和立体与智能管理的内部交通设计，土地集约利用和多功能组合布局，模块化与可置换性设计，智能冷链的物流工艺与基于大数据的信息技术，绿色环保节能设计，严格的安全体系设计，外整内秀、统一协调的形象设计。

设计评述

建筑方案目前体量相对较大，建议在各部分体块处理上尽量做到疏密有致。在设计上应采用更为简洁的建筑语汇，凸显出物流建筑的特质，并且能够更好地呼应城市。对项目内部交通组织与周边城市道路进行一体化设计，设计通顺的交通体系并核定交通量，防止拥堵。项目工艺流程复杂，在后期深化设计中应组织好功能布局和交通组织，明确本项目功能定位。

主要设计人 • 黄新兵　夏国藩　袁晓宇　谌晓晴
　　　　　　李西南　陈娜　齐玉芳

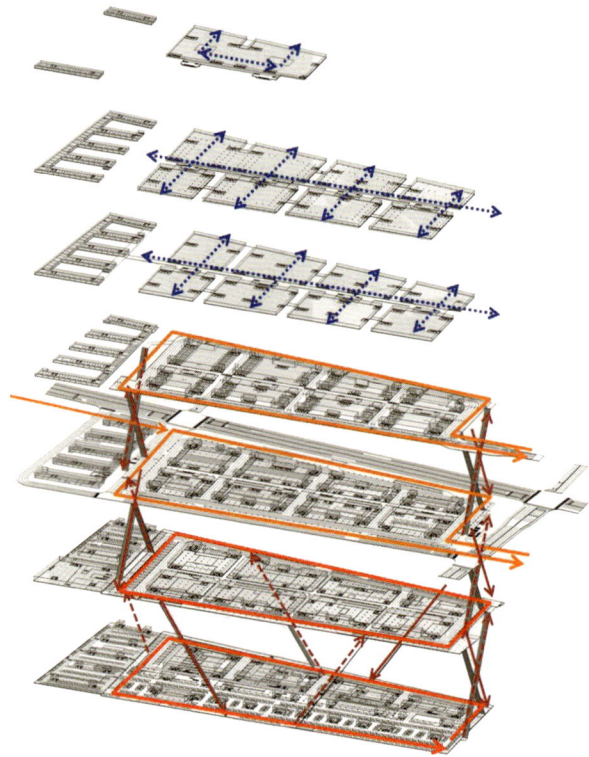

交通分析图

总平面图

沿街透视效果图

鸟瞰效果图

沿街透视效果图

局部透视效果图

局部透视效果图

北京丽泽金融商务区 D-10 地块

二等奖 • 公共建筑／一般项目
• 独立设计／工程设计阶段方案

项目地点 • 北京市
方案完成／交付时间 • 2015 年 11 月 30 日

设计特点

项目用地位于北京市丰台区丽泽金融商务区 D-10 地块内，为一栋高端金融商务办公综合楼。方案力求以简练的建筑语汇创造当代的、都市的城市空间意境。建筑形体的错动组合富有韵律，旨在创造一种浑然天成的气魄，体块之间的凹凸变化削减了建筑体量，将立面有机地组织起来，以形成具有标志性的建筑群简洁有力的整体形象，从高楼林立的丽泽金融商务区中脱颖而出。

建筑群由四栋塔楼组成，在东西侧设置办公大堂，通高 12 米，采用顶通透洗练的玻璃顶，作为办公人员的主要出入口。塔楼之间南、北两侧为商业裙房，以其围合成的中部下沉庭院激活地下商业，为建筑的地下部分带来生机。
塔楼三层至顶层均为办公功能。一、二层为商业店铺，店铺内设联通两层的楼梯。在一层，南、北侧裙房相互独立，分别可由扶梯及两部楼梯、一部电梯进入地下一层及地下二层空间。地下一层除有部分商务配套餐饮及商业外，均为设备用房。地下二层为库房及设备用房。地下三层为汽车库。地下四层为人防层，平时为汽车库，战时为六级人防物资库及部分人员掩蔽所。

为优化标准层平面，提高建筑使用效率及办公环境舒适度，本项目采用 VAV 空调系统，利用电梯高低区设置设备间及风井，有效节省机房面积，使核心筒布置高效合理，使用率可达约 80%。

设计评述

丽泽金融商务区 D-10 地块办公楼方案造型简洁挺拔，体形关系明确并富有变化，建筑的造型和规模无论在形式还是在功能上都具有城市的密度和多样性，意求用最简单的语汇表达对当代城市生活和办公建筑的深刻理解，与城市环境有良好的对话关系。

建筑方案充分考虑办公功能需求，平面布置合理，核心筒排布紧凑，标准层面积合理，得房率高。选择经济、适用、美观的立面材料，很好地平衡了办公楼的使用需要以及业主的需求。建筑内部商业及办公动线设计合理，两者之间无交叉。中心下沉庭院的设置解决商业裙房的厚度问题，并给地下商业带来生机。

主要设计人 • 朱小地　赵楠　沈沉　张丙生　王雪吟然

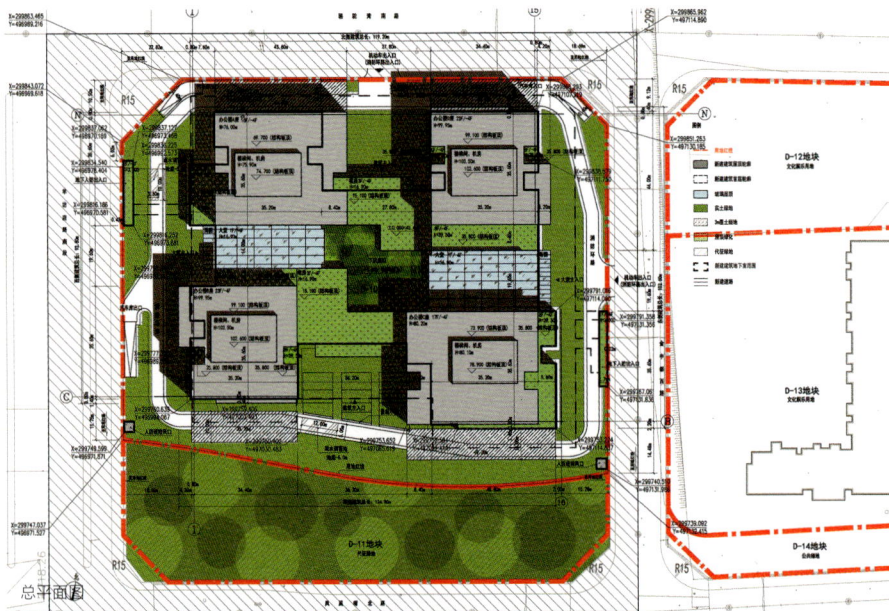
总平面

西南角透视效果图

立面效果图

北京白塔寺前抄手胡同 23# 改造

二等奖 • 公共建筑／一般项目

• 独立设计／未中选投标方案

项目地点 • 北京市

方案完成／交付时间 • 2016 年 7 月 30 日

设计特点

白塔寺前抄手胡同 23# 院位于北京市西城区，在城市的发展变迁中逐渐形成了东西纵深的狭长格局。由于住户的加建改造，现状南北房屋之间仅够一人通行。本基地是片区内与白塔最为接近的院落，其功能要求是艺术展示。如何处理建筑与城市及白塔的关系，如何将新的功能引入老城是我们思考的开始。

从城市角度出发，建筑师将院落东西打通，使之承载区域路网的交通功能。并保留原有房屋图底关系，严格遵守建筑红线以及屋脊、檐口限高，使新建建筑不对城市肌理、胡同风貌产生割裂式的破坏。建筑布局以隐忍的姿态融入老城，以朴素的造型面对白塔巨大体量所产生的空间能量，对这能量的关照与感受进而决定了内部空间及路径的组织：通过置入体验性的禅修及冥想空间（乾隆八平）将白塔的景色与日常展示及生活功能并置，使人们在移步换景中感受独特的探索体验和空间张力。设计着力发掘此区域的文化潜力，即市井文化与宗教体验的并置和交错。在业态上考虑禅修、茶道、艺术品展示、艺术家家创作室等功能，设置适度的居住空间（禅修空间）以保证院落顺利经营。

通过城市空间布局、建筑路径设置和新鲜功能的引入，设计方案希望在毗邻白塔寺的原生生活氛围中创造出一片清幽神秘的自足天地。

设计评述

本设计值得肯定的设计思路可归纳为两点。一是对历史的尊重，在北京胡同里搞建设历来是充满争议的话题，包括大动还是小动、修旧如旧还是如新，等等，本方案立意在"隐忍的姿态"，恰如其分地抓住了设计的要点，对胡同改造的分寸掌握得比较到位；二是对白塔的呼应，方案中"乾隆八平"的构思，将乾隆皇帝的生活喜好与北京的白塔寺在时空中联系到了一起，通过发生在北京的故事，将北京的历史自然地融入设计方案中，使设计于小空间中产生出了大寓意。

主要设计人 • 米俊仁　张昊　胡杰　Anna　姜吉佳

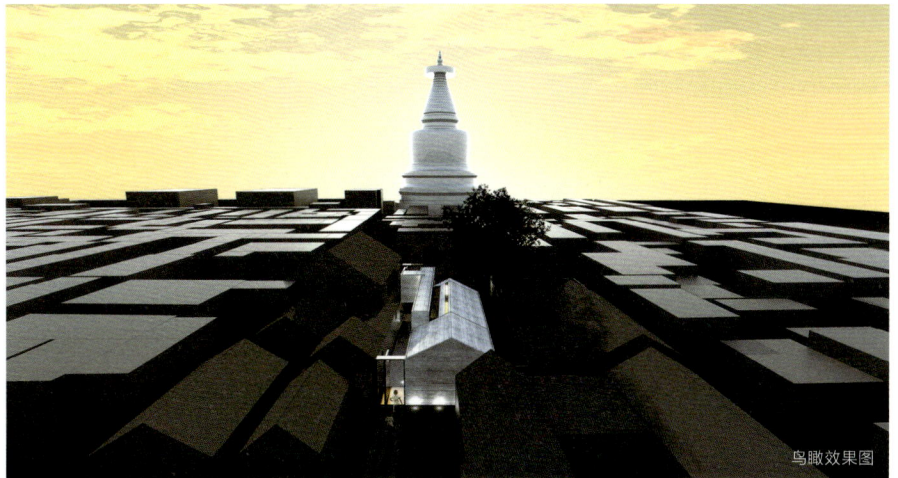

鸟瞰效果图

二层冥想空间

入口

斐济楠迪思格威酒店

二等奖 • 公共建筑／重要项目
• 独立设计／工程设计阶段方案

项目地点 • 斐济共和国 楠迪
方案完成／交付时间 • 2017 年 7 月 20 日

设计特点

项目位于斐济共和国最大的国际机场——楠迪国际机场西北侧，项目定位为集国际五星级酒店、国家会议中心、酒店式公寓、滨海度假别墅及商业配套设施为一体的大型滨海度假复合项目。

项目总体规划从中国传统的风水理论出发，注重规划的整体性和连续性，手法舒展放松，总体形态大开大合、藏风纳水、张弛有道。

考虑到用地现状及场地到达的方便程度，将五星级酒店、会议中心及配套置于场地西侧，分别围合出酒店及会议中心前区广场和朝向大海的景观。公寓及别墅区位于场地东侧，其中公寓区同酒店区在总图形态上保持了高度的连贯性，别墅区则通过组团式围合，形成自身相对独立的区域，便于各组团的分区建设与管理。

建筑外立面设计采用了现代与地方传统相结合的手法。入口大堂采用马鞍形屋顶，整体具有当代特色，形体则有现代感，不落入仿传统建筑的窠臼，形成进入酒店的第一印象。建筑主体则采用现代风格，突出水平线条，曲线的客房楼、错落的阳台、端部的层层退台都增强了建筑的现代性和度假之感。建筑外观颜色以浅色系为主，同蓝天、碧海、绿树形成完美的色彩搭配。建筑材料以涂料为主，局部点缀以石材，在体现建筑性格的同时，有效降低了建筑成本。

设计评述

项目总图布局流畅舒展，建筑风格简洁现代，酒店、会议中心、公寓、别墅、多功能配套得到统一组织，各功能部分流线合理，利用前驱广场空间合理组织人流，形成了整体感和怀抱感。设计者通过较为纯粹的手法创造了一个富有韵律感的造型，白色具有波浪形态的立面给人深刻的第一印象，也符合项目所在地滨海休闲度假的整体氛围。

平面组织在有限的条件内合理化，酒店公共面积的设置集约、经济，通过扭转为酒店客房争取了良好的景观视野，公共区域也朝向观海面打开，最大限度地利用了景观资源。

主要设计人 • 杜松 刘志鹏 谭川

鸟瞰图

鸟瞰图

沿海透视图

保定高碑店高铁新城住宅

二等奖 • 居住建筑及居住区规划/一般项目
• 独立设计/工程设计阶段方案

项目地点 • 河北省 高碑店市
方案完成/交付时间 • 2017 年 4 月 30 日

设计特点

项目以德国海德堡"列车新城"为参照，结合当地文化，打造世界上一次性建设规模最大的国家级近零能耗建筑的示范区、生态海绵社区和智能化健康生活的典范。项目一期用地面积为 134570 平方米，地上建筑面积为 336388 平方米，容积率≤2.5，建筑密度≤19.6%，绿地率≥35%，限高 80 米。项目采用低能耗被动式技术。

本着"一切设计围绕低能耗被动式技术及要求开展"的理念，采取了多种方式解决住宅的节能问题，包括保温设计、无热桥结构设计、气密性构造、门窗、新风系统等。在规划上，为使日照最大化，设计方案拉大高层之间的东西方向间距，同时有利于风廊的形成，减少热岛的影响。建筑平面规矩方正，在保证采光的前提下尽量减小建筑的体形系数；充分结合人体工程学，体现以人为本的理念。建筑立面简化线条，利于保温层的固定，减少由于建筑造型造成的热桥。

设计评述

项目作为世界上一次性建设规模最大的国家级近零能耗建筑的示范区，开创了国内大规模推进低能耗被动房建设的新篇章。现代与中式立面风格的结合也充分体现了国力的崛起和民族的自信。

项目在低能耗被动式建筑方面的执行标准宜为德国《PHI 被动式住宅建筑的认证标准》（2015 版）和《被动式超低能耗绿色建筑技术导则（试行）》（居住建筑），不考虑执行河北省《被动式低能耗居住建筑节能设计标准》DB13（J）T177-2015。但仍要符合河北省工程建设标准《居住建筑节能设计标准（节能 75%）》DB13（J）185-2015 的要求。

项目通过一系列技术措施实现了上述标准，包括良好的围护结构保温、紧凑的结构、合适的体形系数、无热桥结构、高效热回收、充分利用阳光辐射得热，以及对节能型家用电器设备的应用。

主要设计人 • 吴凡 席宏伟 陈大鹏 李庆双
　　　　　　秦超 韩夏 马志华 侯新元

鸟瞰效果图

小区入口大门效果图

外立面效果图

清华大学学堂路西侧滨河地段城市设计及重点地块建筑

二等奖 · 城市设计／一般项目

· 独立设计／未中选投标方案

项目地点 · 北京市

方案完成／交付时间 · 2017 年 3 月 21 日

设计特点

项目用地位于清华大学校园内，学堂路西侧，为校园内主要的公共课教学区。地块在改造前功能空间利用率低，瞬时车流量大，欠缺与校园整体规划的融合，影响到校园发展。

新的设计通过分析校园历史文脉、建筑现状、功能需求、周边交通状况以及校园绿化水系等现实因素，实现该地区建筑与空间的有机更新，促进整个校园规划建设的连续性发展，最终实现校园内各种有意义的活动在空间上有序存在并交织，即空间环境的改变引发整个生活品质的改变。

设计内容包括改善用地与西侧文保区的关系，加强用地内东西向交通联系，充分利用土地高差，优化现有水系，增加建筑和自然景观的联系等。

设计评述

该方案通过合理科学的规划和设计，有效改善了用地及周边存在的交通空间、教学空间紧张，与保护区建筑的关系等实际问题，也有助于完善整个清华校园的建筑、道路系统规划。通过对建筑空间及形象的重新设计，弥补了校园历史建筑保护区与新建筑区在建筑与空间上的割裂，使新的学堂路西侧地区真正融入校园历史文脉，对学校未来的发展有积极的促进作用。水系的改善、建筑的更新、交通的梳理，等等，都将改变目前学堂路西侧地区的现状，为这一区域在未来成为高品质的现代化文科教学中心提供了坚实的基础。

主要设计人 · 李亦农　孙耀磊　梁昊　马梁　刘晓晨
　　　　　　赵灿　刘永田　周广鹤　张风岚　王槟

鸟瞰效果图

文科综合楼设计

文北楼设计

建筑与水系

杭州青溪小学

二等奖 • 公共建筑／一般项目
• 独立设计／工程设计阶段方案

项目地点 • 浙江省 杭州市
方案完成／交付时间 • 2017 年 6 月 28 日

设计特点

项目位于浙江省杭州市淳安县千岛湖镇东庄区块，为 24 班小学校，建设用地面积 2.79 万平方米，总建筑面积 1.96 万平方米，容积率 0.7。

场地地形复杂，场地内约 54% 的用地为陡坡，其余用地是相对较平缓的台地，最大高差 30 米，可利用的用地十分紧张。方案以"乐活书院"为主题，探索开放、趣味化的灵活教育空间理念的实现，同时充分尊重地形与地貌，建筑依山就势，利用山地建筑"错层、叠层、吊层"等独特的空间处理方式，创造了多重台地与竖向变化丰富的室外空间与坡地院落空间，强化了教育建筑院落交流空间、高效的室内教学空间、富于趣味与探索的游憩空间，最大限度地引入阳光与空气，利用山地地形的同时，使建筑体现了独特的地域性与当地传统文化。

方案的最大特色在于，通过多级台地形成不同标高的多个院落，组织学校的教学与课余娱乐休闲空间，将固定的教学空间转化为适度可变的灵活空间，创造了丰富的情景化交流场所，使学校真正成为孩子们学习、生活、游乐的理想场所。

设计评述

方案的设计尊重地形特征，以体现地域性为原则，探索了现代小学教育建筑的空间模式，以使用者——儿童的自我需求与感知去塑造活泼生动的趣味化校园。

场地设计在用地紧张的条件下，创造多级台地，形成山地建筑特征，同时保留了大量原始地貌，减少了对地形的破坏。院落式教学区的空间构成使得学校外部空间更丰富，建筑适当设置"灰空间"促进师生交流。平面设计充分考虑儿童的行为特点和空间尺度。建筑立面充分体现了当地的气候、人文、传统等要素，形成鲜明的建筑地域性。

主要设计人 • 陈飙 胡彬 郭剑 秦国祥

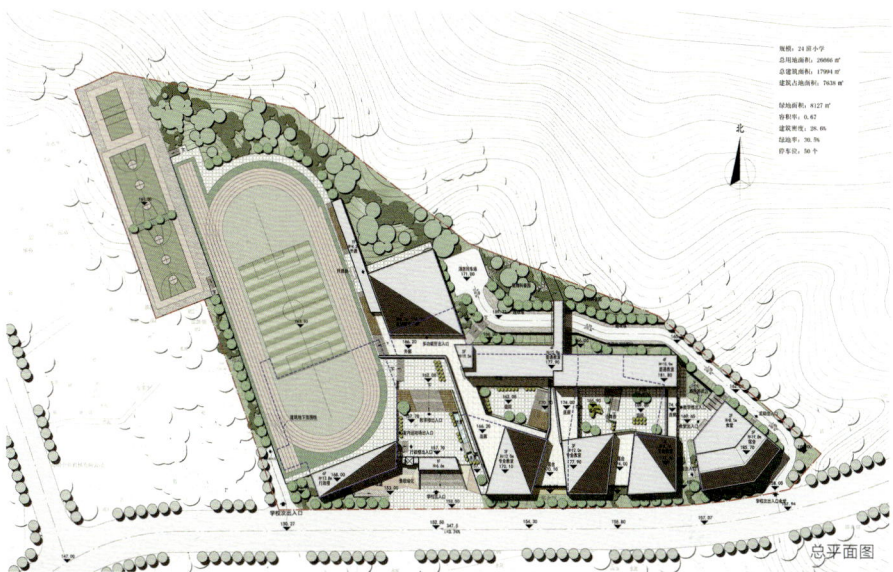

总平面图

东南鸟瞰效果图

内庭透视效果图

内庭透视效果图

涂鸦墙效果图

教师单元效果图

北京市自来水集团供水抢险中心

二等奖 • 公共建筑／一般项目
• 独立设计／工程设计阶段方案

项目地点 • 北京市
方案完成／交付时间 • 2016 年 3 月 5 日

设计特点

北京自来水集团供水抢险中心位于北京西四环四季青桥东北，总建筑面积 2.59 万平方米，其中地上建筑面积 1.28 万平方米。这座建筑担负着全市自来水管网的事故抢险任务，同时还要满足办公、备勤、指挥等相关功能。设计从建筑的抢险特性出发，整体造型简单明确，首层主体架空，用于停放尽可能多的车辆，且车库直对道路，以便车辆在事故发生时能第一时间赶赴现场，此外只保留建筑入口和调度中心，同时首层做到人车分流。二层设计为全楼的公共服务区域，布置餐厅、活动室和淋浴间等功能。三至六层为办公和备勤值班，两个垂直的中庭空间将不同功能自然分区，为每一种功能提供相应的阳光共享空间。整个建筑将形成一个功能复杂高效、交通繁忙有序、空间简洁舒适的现代化应急抢险中心。

设计评述

方案简洁明快，用地关系清晰，功能分区明确，内部空间结构条理并有一定变化。由于建筑功能属特种用途，抢险部分单独分离十分必要。方案能够将日常办公与抢险救援在工作流线和工作场地方面完全隔离，很好地保障了两部分功能的共同开展。备勤休息部分与日常办公通过中庭相分隔，使该类型建筑的特殊使用性质的内在矛盾得到了较好的处理。为大型车辆的停放及使用留有部分预留发展空间，为后期发展及使用过程中的局部调整留有余地。建筑立面整洁大方，兼顾抢险类建筑特征的同时，不失自身特色，与周边的城市既有项目共同完善了城市区域风貌。

主要设计人 • 李亦农　刘晓晨　梁昊　刘永田　王槟

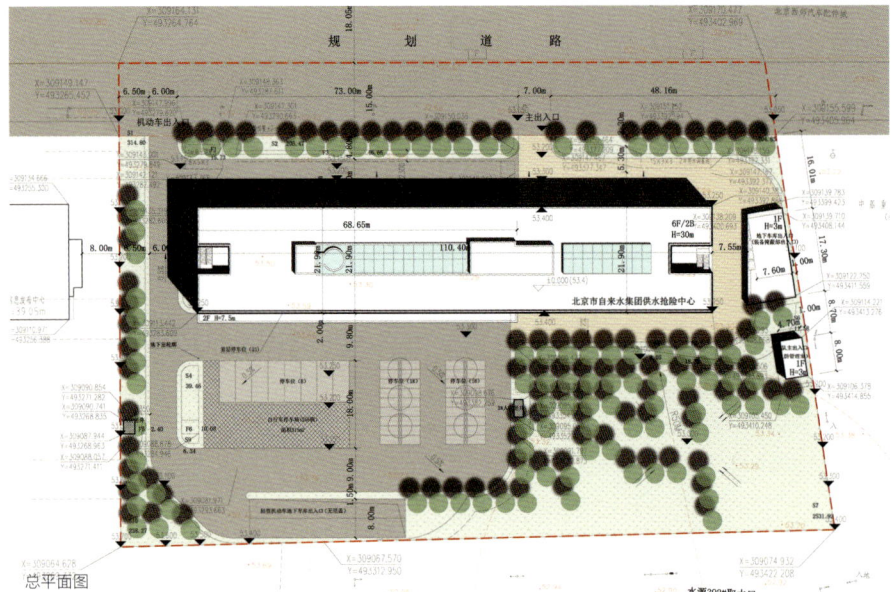

总平面图

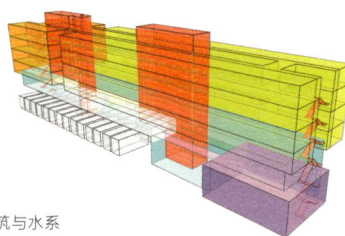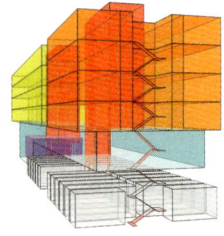

建筑与水系

人视效果图

共享空间氛围　　　共享空间氛围

上海程十发美术馆新馆

二等奖 • 公共建筑／一般项目
• 独立设计／中选投标方案

项目地点 • 上海市
方案完成／交付时间 • 2017 年 5 月 15 日

设计特点

方案通过"遥敬四馆，轴线呼应"的规划回应了城市环境。方案采用两套轴网交叉布置，轴线的对位增加了建筑在用地中的中心地位，同时也是对古北社区内艺术类建筑的整合，形成新的"艺术轴线"，由程十发美术馆作为轴线的交叉点。

当方向不同的两个轴线交叠，美术馆由简单的九宫格布局变成由相互交叉、叠合、联通、互围的八个单体连接而成的整体，缝隙变成了采光天井，错台形成了景观天台，内院成了各展厅共享的景观视点，与建筑形成互相渗透。景观采用传统园林造景要素，空间充满东方文化思维，与程十发先生"工处极工，拙处尽拙"的思想契合。

用地西北的新虹桥中央花园是古北社区内最大的一处绿地，方案与其斜对，特意在地块西北留出一片绿化空间，将城市绿岛向东南延伸，美术馆在更大的绿岛环绕之中，建筑尺度被无形中放大，从被高层环伺的矮小建筑变成了平坦绿地中的视觉焦点，达到了"引景入园，绿岛延伸"的效果。

建筑的外观连续、卷展、蜿蜒而最终联成一体，如同掀起一张凌空的画布一角，邀请观者进入其中。由此进入的观者拾级而上，经过一条串联全部场馆的曲径，游历各场馆而最终回到出发的原点。由一而始，从一而终，是程老一生的艺术写照，也是在本方案中游历观赏程老作品所经历的过程。

设计评述

项目位于上海市长宁区古北社区 A3-03 地块，玛瑙路以东，红宝石路以北，东至伊犁南路，北至虹桥路，项目规划用地面积约 7129 平方米，总建筑面积 11000 平方米。用地周边分别有上海油画雕塑院、宋庆龄纪念馆、夕才儿美术馆、虹桥画院画廊，艺术气息浓郁，文化兼有中西。在这样特殊的位置中，如何让美术馆将新区的艺术氛围引领到新的顶点，并且从文化上塑造出独特性？对此，方案超越了简单的建筑单体塑造，而提出了城市化的思辨。

主要设计人 • 高博 罗文 汪丹丹 刘彦京 曾瀚韬 孙中原

鸟瞰效果图

入口人视表现图

报告厅

庭院表现图

合肥滨湖新区国际双语学校

二等奖 • 公共建筑／一般项目　　　项目地点 • 安徽省 合肥市
• 独立设计／未中选投标方案　　　方案完成／交付时间 • 2016 年 11 月 27 日

设计特点

一个城市关键节点的作用，会辐射到一个广泛的城市区域，并带动城市的发展，影响城市的属性。一个有雄心的未来城市雏形，需要一所有雄心的学校。

项目地处滨湖新区重要的城市节点，用地周边均为高层住宅，强烈的天际线变化让项目具有成为标志性建筑的条件。而一所学校亦是一颗文化的酵母，它可以带动一个区域的文化氛围，因此被赋予了极高的期望。

未来校园正向着互动性、开放性、社交性、连接性、尊重个体等多元化的方向发展。校园空间设计也将不再以课堂为组织核心，而更多关注学生的心理感受，以其自身的活动需求为出发点，打破传统思维的桎梏，创造全新的教育空间模式。在功能布局上，教学区和生活区围绕文体综合区，以活动功能体块为中心，使生活区具有独立的气氛。调整活动功能体块，让使用者能在场地中找到舒服的位置，并形成不同的围合空间。对流线重新梳理，教学流线在外，而活动流线在内，一直一曲，高效灵动。

设计评述

规划上由新时代学校的使用需求出发，定位准确，分区明晰。建筑功能设计考虑不同年级的使用，设置不同的接送场地和后勤服务，布局合理。建筑外观设计考虑节能、防噪、遮阳等措施，并且结合立面创意，符合时代发展。

主要设计人 • 王戈　盛辉　张镝鸣　杨威　杨达
李洁苒　赵甜甜　赵轩　李强强　于鸿飞

鸟瞰效果图

以"灵"应对场地

以"整"应对城市

校园内景效果图

晋江市第二体育中心

二等奖 • 公共建筑／一般项目
• 独立设计／中选投标方案

项目地点 • 福建省 泉州市
方案完成／交付时间 • 2017 年 6 月 25 日

设计特点

晋江市有着全民参与运动的传统，市委市政府决定利用临海的一块用地建设第二体育中心，总建筑面积近 20 万平方米，包括 1.5 万座的体育馆、1000 座的水上运动中心、4 个球类训练馆、配套商业及酒店等。

根据前期分析，晋江第二体育中心须满足体育、文化、配套服务三大类需求，我们希望打造的是一个体育、演艺、商业综合体，也是泉州湾区域具有标志性和体育文化展示的窗口。晋江是海上丝绸之路的起点。通过对晋江文化的提炼，结合基地位于泉州湾旁的区位特征，提炼"水丝带"为建筑意匠。海水"冲刷"岸边形成高低多变的地景，创造多层次的绿地形态，利用这些有利元素，我们在地面上蚀刻出草坡、洼地、广场、甬道，形成高低起伏、错落有致的空间。体育馆、游泳馆犹如水中的卵石，镶嵌于公园中央，成为城市新地标，与复杂、丰富、多层次的绿地形态相结合，更突显其纯净自然，洁白剔透。训练馆、酒店隐匿于绿坡之下，伸展于生态之间，串起趣味横生的室内外空间。让市民在自然中放飞，在快乐中运动。

设计评述

方案用"水丝带"强调"一带一路"水上丝绸之路起点的城市定位。同时突出篮球重镇特色，打造全民参与、练赛结合的体育场馆群。

规划上突出与城市肌理的衔接，设计手段上强调与环境融合，使得整个建筑群生长在优美的自然环境中，与周边建筑和谐共生。充分分析现状地形，因地制宜，合理利用，形成园区跌宕起伏的健身空间和绿化景观，让人们拥抱自然，健身休闲，放松心情。利用临水而建的优势，布置各类场馆、滨水步道、室外看台。长约 5 公里的漫步道，创造了水上、陆地、室内、室外运动多位一体、观赛结合的和谐篇章，让人身在其中流连忘返。

主要设计人 • 陈晓民　刘康宏　李鸿儒　王孟达
　　　　　　鲁超峰　林小莉　黄颖

鸟瞰效果图

室外运动公园

室外篮球公园

福州平潭综合实验区会展中心

二等奖 • 公共建筑／一般项目

• 独立设计／未中选投标方案

项目地点 • 福建省 福州市

方案完成／交付时间 • 2017 年 2 月 8 日

设计特点

项目位于平潭综合实验区岚城片区，位于竹屿湖中路与和平大道交叉口西南侧。项目用地约 180 亩，总建筑面积 6 万平方米，停车位不少于 1000 个。用地性质为图书展览用地及商务用地，绿地率 30% ≤ G。拟建集会议，展览、文娱活动及配套餐饮为一体的大型会展设施。

建筑体量根据功能形态一分为三，借助向海面起翘的屋面，从空中俯瞰，整个建筑如一面风帆随风扬起，缓缓浮现于水面之上。立面元素采用轻盈的金属板屋顶与通透简洁的玻璃幕墙，展示了大型会展中心的现代感和标志性。

设计评述

项目方案以"展翅、扬帆"为构想意象，充分契合了南方滨海城市的环境特点与现今平潭的发展机遇，也表达了设计者对整座城市的美好期许。

方案整体规划布局清晰合理。建筑外部与周围水体、环境以及城市功能区相呼应，内部组织高效，为我们呈现出了一个内外兼顾的优秀会展中心设计。

方案整体造型新颖独特、简洁大气，同时以极具现代感的轻盈通透材料处理建筑主体，摒弃了现今普遍存在的一些乖张设计风气，与地区未来发展方向相契合，有望为平潭综合试验区乃至整个海峡西岸经济区打造新的城市名片。

主要设计人 • 刘军 边宇

鸟瞰效果图

西立面效果图

局部透视效果图

室内大厅效果图

北京 798 艺术区博物馆

二等奖 ● 公共建筑／一般项目
● 独立设计／投标结果未公布

项目地点 ● 北京市
方案完成／交付时间 ● 2016 年 9 月 20 日

设计特点

项目位于北京市朝阳区 798 艺术区内，用地北临尤伦斯当代艺术中心，南临七星路，西临陶瓷一街，东临无名道路，地理位置优越，地势平坦，交通便利，基础配套设施良好，周边文化艺术氛围浓厚。根据规划条件要求，项目用地总面积 18400 平方米，建筑密度 ≤ 40%，容积率 ≤ 2.5，绿地率 ≥ 30%。

通过分析，建筑师认为项目用地和项目规模不匹配，在保证容积率、高度、建筑密度等规划指标的前提下，项目用地应适当扩大，拆除用地南侧停车楼和部分建筑，形成南门入口核心广场空间。798 艺术区应在垂直方向上叠合发展，向上充分利用空中资源，向下充分利用地下空间。方案设计中，在艺术家工作室和展厅功能的基础上植入两个新的公共服务层功能，一个位于工作室和展厅之间，另一个位于地下一层，充分利用空间并延续 798 现有的步行空间模式。

建筑沿七星街呈东西向延展式布置，地下一层、首层、二层为博物馆及其附属用房，三层为商业服务用房，四层、五层为艺术家工作室，场地南侧及东侧设置有大型广场，充分满足了场地内较大的人流集散需求，并且在 798 艺术区内提供了极为稀缺的开敞广场空间。

设计评述

项目规划从整个 798 园区结构出发，从公共空间角度入手，对项目用地作了大胆调整，在建筑南侧形成与博物馆匹配的公共空间，给业主提供了新的思路；通过对功能的理解和分析，结合 798 园区整体业态，在原有功能基础上注入新的功能，延续了 798 园区小街小巷的活力，并提供了新的多层次的具有活力的场所；建筑造型采用钢结构巨构形式，外立面采用穿孔板，整体造型简洁整体，新旧两种工业感的对比充满戏剧性。

主要设计人 ● 叶依谦　段伟　霍建军　唐睿　赵元博

鸟瞰效果图

东南角透视效果图

室内效果图

成都驷马桥南片区配套中小学

二等奖 • 公共建筑／一般项目

• 独立设计／中选投标方案

项目地点 • 四川省 成都市

方案完成／交付时间 • 2017 年 1 月 19 日

设计特点

驷马桥南片区（512 片区）配套中小学建设工程项目，规划总建筑面积约 5.8 万平方米。其中，中学建筑面积 3.5 万平方米；小学建筑面积 2.3 万平方米。整个片区的建筑多为高层住宅，与用地相邻的绿地为驷马桥南片区仅有的城市绿地，如何与城市绿地发生关系是本方案设计的出发点。设计通过面向绿地进行退台设计，将绿化引入校园；同时将校园内绿地向城市绿地延伸，并将其纳入城市绿网，成为一个与城市共生的校园。面向城市的绿化层层退台，与周边环境关系（街道、院落建筑、市政公园等）统一协调，高度融合。

随着教育改革的推进，教育已经从过去单纯的教学模式向课程多元化、互动化、网络化发展，我们试图从"形态"的模糊、"功能"的模糊推动素质教育的实施。"形态"的模糊体现在将交通空间放大、扩展、延伸，连接起庭院、屋顶、退台，形成室内、室外、半室外等多种空间形态。"功能"的模糊体现在将传统的交通空间复合交流、休憩、社团活动等多种功能，并为教学走班制改革提供了可能，同时为未来的教学用房扩展提供了可能。

设计评述

方案综合考虑成都的气候、风向、日照等多方面因素，并较好地结合了场地周边现状。

规划设计中，将绿化引入校园；同时将校园内绿地向城市绿地延伸，并将其纳入城市绿网，成为一个与城市共生的校园的概念，较好地体现了设计对场地的理解，对周边环境做了较好的呼应。

平面设计合理，动静分区，功能完善，用基本的建筑元素、建筑形式去定义空间，有效组织出整个校园的空间联系，符合中、小学生的活动特点。

立面简洁、务实，符合现代学院特色。

主要设计人 • 李明川 赵波 陈起 张帅 李骄

总平面图

中学入口透视图

中学公园透视图

西安咸阳国际机场东航站区规划及东航站楼

二等奖 • 公共建筑／重要项目
• 合作设计／未中选投标方案

项目地点 • 陕西省 咸阳市
方案完成／交付时间 • 2016 年 12 月 1 日

设计特点

古都西安，地处中国陆地的核心，是中华文明的重要发祥地，曾经是古老丝绸之路的起点，今天又成了丝绸之路经济带的新起点和西部开发的前沿城市。

西安咸阳国际机场东航站区扩建，是一个充满挑战的项目。在机场现状的基础上，规划北移北侧跑道，拓宽航站区，新建 2 条副跑道。近期建设东航站楼，新增 4000 万、全场达到 7000 万的年旅客处理能力。陆侧新建交通设施和进场路，形成东西区独立进出、内部道路连接的交通模式，楼前规划引入多条轨道线路。远期规划将搬迁全部工作区，建设卫星厅，设置一条捷运线贯穿全机场。东航站区整体运营以基地航空公司为主，形成东区 7000 万人次、全场 9500 万人次的年旅客处理能力。

标书中强调了"五个机场"的建设目标和"安检前移 - 开放商业 - 打造航站服务综合体"等创新需求，对本设计提出了全新课题。方案以近期的一个四指廊航站楼和远期的一个集中式卫星厅为特征。建筑构形横平竖直，形成了全场一致的规划布局形态和站坪运行模式。各块站坪方正，停机位整齐划一，站坪滑行顺畅，提高了场地利用效率。宽敞的航站主楼和交通中心融合、贯通，为航站功能、交通功能以及商业服务功能的多元复合布局提供了必要条件。

设计评述

方案较好地处理了较为紧张的建设场地、交通连接和保留现状的关系，航站楼构形简洁高效。内部功能布置较好地体现了标书提出的"航站综合服务体"的构想，商业服务和航站楼交通功能结合良好，空间整合良好。

建筑造型宜再加强对西安特征的提炼和表达。

主要设计人 • 王晓群 王亦知 田晶 李树栋 陈静雅
任广璨 胡霄雯 赵阳 石宇立 王一粟

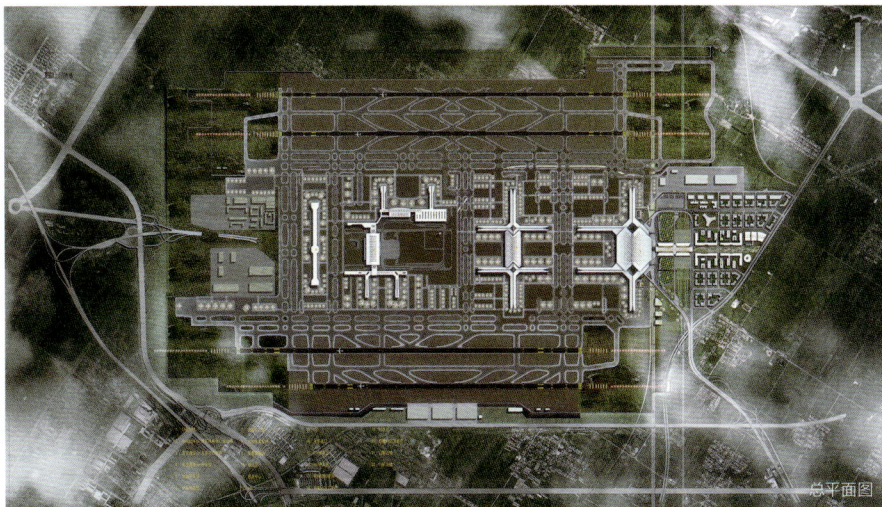

总平面图

鸟瞰效果图

出发车道边立面

中轴商业步行街

邢台邢东新区中央生态公园规划

二等奖 ● 城市规划与城市设计／一般项目
● 独立设计／未投标方案

项目地点 ● 河北省 邢台市
方案完成／交付时间 ● 2016 年 10 月 21 日

设计特点

方案设计以现有土地的使用情况为基础，结合未来城市发展定位需求，将方案总体定位为复合型多功能生态中央公园区，并提出"孕育：生命之源，生态之园"的概念。

对规划场地进行全方位踏勘，评价场地内各要素的现状条件，将场地内需要保留以及通过改造加以利用的建筑、景观、道路等要素予以整体保留。

方案以现状梳理的成果为基础，将超大尺度的中央公园分解转化成由若干主题性公园组成的生态功能集群；网络状的公共开放绿地形成连接周边城市空间的生态廊道，与主题性公园共同形成斑块式的整体布局；在主题公园与生态廊道之间以绿道的形式构建弹性边界，形成贯通整个中央公园区的慢行系统，形成城市的健康活力之源。

不同规模的主题性公园均保持合理的开发建造尺度，既可以充分展示地方特色，又可以对接省级、国家、国际等不同层面的特色项目资源。

设计评述

方案的总体规划设计主题比较明确，规划结构层次清晰，但在下一个阶段仍需要进一步完善。概念设计及分析应进一步体现规划场地与周边城市区域的联系；交通系统有待完善，需稍作调整，增加一条辅路；区域内停车较少，需核实是否满足规范；入口广场需稍作调整，使其稍微突出；总平面色彩需稍作调整；公园组团名称需稍作调整；公园组团的部分设计意向图需要进一步优选，针对性更强；效果图展示偏少，应再增加两张人视角度效果图。

主要设计人 ● 徐聪艺 孙勃 张耕 孙小龙 王立霞

总平面图

亲水步道效果图

景观塔效果图

湿地观鸟建筑效果图

湿地花园效果图

荷花淀效果图

文创湖公园效果图

西安中俄丝路创新产业园

二等奖 • 城市规划与城市设计／一般项目
• 独立设计／中选投标方案

项目地点 • 陕西省 西安市
方案完成／交付时间 • 2016 年 11 月 9 日

设计特点

中俄丝路创新产业园项目地处西安西咸新区沣东新城，是中俄两国按照"一园两地、两地并重"的原则实施的国家级战略合作项目。基地选址于复兴大道与沣东大道的东西、南北轴线重要交汇点，力图建设第三产业和社会基础设施相配套的高科技产业园区，为区域带来新的活力。

园区整体规划采用"一带四园"花园式布局，由一条形态自由的中心大绿带贯穿东西，以"自然"向城市主轴敬礼。两侧开口位置巧妙呼应城市关系，对接相邻地块；四个独栋办公群落围绕各自下沉庭院形成四园，为次级中心。东西两侧呼应城市界面，呈由北到南的带状格局。

园区内人车分流，机动车从组团外围车道进出园区及地库，与内部人行道路互不干扰。中心绿带东西侧向城市主干道开敞，形成主要人流入口，人们从中心花园进入各组团首层内院平台，再分别进入各自办公区域。

西侧沿街高层建筑内，布置研发办公及配套商业功能，高层建筑体量也代表了整个园区的形象。其余多层独栋办公楼围合为四个组团，中心配套公共服务设施。沿景观轴线的组团则形成层层退进的布局形态，向中心景观开敞。层层分级的景观系统，互相渗透延伸，实现花园式办公。通过下凹式绿地收集、屋顶绿化、智能照明等高科技手段营造出一个环保、节能、生态、绿色的产业园区。

设计评述

方案主题明确，思路清晰，与城市关系良好，在园区的建筑及交通组织方面布局合理，整体布局有意在理性的格网中注入感性，理性格网代表产业园的经济性以及对于城市大格局的尊重，而感性的景观体系适当改变了内院及绿带上的建筑形态，形成自由的空间关系。中心景观廊的设计营造良好的花园景观，沿景观轴线的组团则形成层层退进的布局形态，在围合组团的同时向中心景观开敞，让中心这一层级的企业独栋拥有更好的环境和景观，成为更具品质的产品类型。组团内部下沉庭院也有效地将功能与环境结合，营造良好的办公休闲环境，形成递进的、有层次的景观体系。绿色、生态等特色也进一步提升园区的示范价值。

主要设计人 • 刘淼 高博 孔繁锦 汪俊旭 徐盼 陈昊

园区鸟瞰图

两地块沿街人视效果图

西侧研发办公

北大附中天津校区（高中部）

二等奖 • 公共建筑／一般项目　　　　项目地点 • 天津市
• 独立设计／未投标方案　　　方案完成／交付时间 • 2017 年 12 月 29 日

设计特点

结合"学习是生活的一部分"这一教育理念，同时为满足地块的面积及建筑间距限制，方案将传统的横向校园改为沿纵向排布，将居住建筑置于教学建筑之上，形成一个个教学与生活相辅相成的建筑群体。学校即成为一个提供各类学习资源的社交圈。

在底部的学习中心，同时提供开放式和封闭式两种学习空间，面积大小各异，可满足个人及群体的多种空间需求。封闭的教室提供私密性，保证教学活动不受干扰，而开放空间则激发学生与学生、学生与老师之间的沟通互动。

学习空间的上方布置了学生的生活空间，学生宿舍楼偏外向，注重开放与互动，室内公共空间与外界空间产生联系。室内局部楼板挖空，营造舒适的双层挑高公共空间。同时在层与层之间建立空间联系。高挑的采光开口为室内的公共空间引入良好的自然光。

设计评述

项目在北京大学附属中学强调互动、启发和个性化的教学精髓的基础上，预见到未来的教育需求，提出了一系列可实现的设计，对学校的长期发展提供了良好支持。在全面研究和调查项目概况之后提供的设计，具备前沿的先进理念。对于项目中遇到的问题，针对性地提出了解决方案，使空间、使用者、教育理念等相辅相成。通过设计，学生和老师之间的交流得到进一步促进，各学科边界不断模糊、融合，从而把空间打造成承载教学热情的动力多元舞台。

主要设计人 • 董灏　蓝冰可（Binke Lenhardt）
崔雨柔（Cynthia Cui）

鸟瞰效果图

人视效果图

近景透视图

北京航天城学校

二等奖 • 公共建筑／一般项目
• 独立设计／非选投标方案

项目地点 • 北京市
方案完成／交付时间 • 2017 年 8 月 4 日

设计特点

人大附中北京航天城学校项目用地位于北京市海淀区西北旺镇东部航天城，用地东侧临友谊路，南侧临邓庄南路，西侧临友谊渠，北侧临西山农场。建设用地面积 46533 平方米，总建筑面积 80893 平方米，地上建筑面积 41880 平方米，建设规模为 72 班，功能包含小学、初中、高中、宿舍、餐厅、冰球馆、体育馆、游泳馆、报告厅等。

方案的关注重点为以下几点：

1. "内外"与"动静"。中、小学部位于用地内侧，安静且景观朝向良好。综合楼和生活楼部分功能可与社会开放共享，将二者置于用地外侧，方便其连接城市道路；

2. 庭院。"S"形建筑布局将场地划分为两个"外院"和一个"内院"，外院分别为中、小学部活动场地，同时兼作其各自的出入口，避免上下学拥堵，"内院"为中、小学部共用的活动场地；

3. 合理充分利用地下空间。受用地和规范的限制，将部分空间置于地下，经消防性能化论证，通过下沉庭院等手段解决其消防问题；

4. 混合组团。每栋单体即为一个组团，其内部功能混合设置，使得各单体相对自成体系，且功能较为完善，流线紧凑便捷，便于使用管理；

5. 绿色技术。采用地源热泵、空气源热泵、太阳能、新风除霾等技术。

整个校园的建筑和院落有机错落，旨在体现出一种建筑、空间、环境之间高度一体化的设计策略。

设计评述

人大附中北京航天城学校项目用地较有特点——用地一侧为河渠，另一侧为城市道路。因此，场地一侧为静区（沿河渠侧），另一侧为闹区（沿道路侧）。静区更为适合布置教学相关的功能，闹区更为适合布置公共的、便于向社会开放的功能。

方案恰好做到了这一点，利用"S"形的整体布局，呼应了功能上的需求，同时营造了对内对外不同属性的庭院，形成了高品质的校园空间环境，并且做到了高低年级不同的上下学出入口广场，缓解了城市交通的压力。方案高度一体化的手法将建筑、景观、场所等有机地结合在了一起，并且应用了多项绿色节能技术，在保证降低能耗和环保生态的基础上，还具有很强的教育意义。此外，方案也较好地呼应了人大附中和航天城的整体风格脉络：外立面采用红砖，体现了"人大红"的主题元素，且轻盈的折板立面体现了航天科技带给人的现代气质。

主要设计人 • 王小工　王铮　贾文若　陈恺蒂　杨晨
丁洋　胡英娜　高诚　卢植　何亚琴　李楠

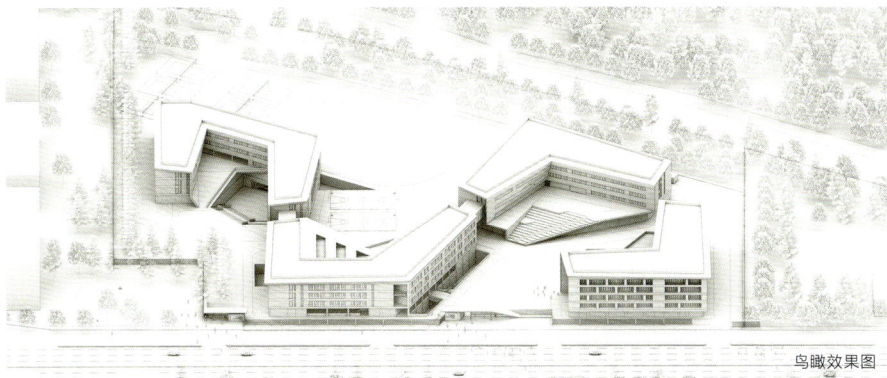
鸟瞰效果图

校园内庭院效果图

校园外庭院效果图

普通教室效果图

公共区效果图

北京十一学校中堂实验学校

二等奖 • 公共建筑／一般项目

• 独立设计／中选投标方案

项目地点 • 北京市

方案完成／交付时间 • 2017 年 7 月 4 日

设计特点

校区整体规划采用综合体式校园建筑布局，通过立体化的景观和交通设置，在高密度用地中提供高品质的教学环境。方案在整体规划及建筑空间层面注重空间的高效和复合使用，同时也保证了整个学校高效运转，节省了运营成本。

校区内建筑由图书馆、行政楼、教学楼、教工宿舍楼组成，各个部分功能高效连接并相互独立，可根据办学要求连通或分隔、独立运行。校园内建筑之间采用室外风雨连廊相连，可以减少雨雪天气给师生出行带来的不便。

校园具有社会空间的复杂性及其与历史的延续性。设计将校园理解为一个微型城市，因此营造出许多类似于城市空间的场所：广场、庭院、台阶等，这些多样化的场所给学生们提供了不同尺度的游戏角落和有趣的空间体验，并试图激发他们的好奇心和想象力，使他们在游戏中释放个性。整个设计造型比例适度，空间结构美观，外观明快，线条简洁，体现了简约和实用以及中学生青春活泼的个性。

设计评述

设计对现状条件和甲方的需求进行了全面的分析，根据既定的环境、场地等要求，对各功能块进行了合理的安排和组合，使其分区明确有序。设计理念清晰，创造出了灵活高效的、合理有序的室内空间。设计不仅在视觉上对空间进行了整合，也同时考虑了使用的高效，这对教学活动的顺利开展有着重要意义。除了功能性考虑，设计还体现了校园文化，为新的教学模式提供了新型校园空间。

主要设计人 • 王小工　王英童　张月华　李轶凡　杨秉宏　盛诚磊

南侧鸟瞰图

教学楼剖透视图

主入口透视图

东侧透视图

北京长安街延长线（朝阳段）公共空间景观提升设计

二等奖 • 城市规划与城市设计／一般项目
• 独立设计／工程设计阶段方案

项目地点 • 北京市
方案完成／交付时间 • 2016 年 12 月 9 日

设计特点

2015 年 4 月，按照北京市委市政府工作要求，从 2015 年开始，拟用三年左右时间，开展长安街及其延长线市容环境景观提升，打造"庄严、沉稳、厚重、大气"的神州第一街。郭金龙书记、王安顺市长、陈刚副市长、张建东副市长专题听取方案汇报，提出指示要求：高标准、高质量、高水平地做好长安街及其延长线市容环境景观提升工作。

2016 年 7 月起，我院开始长安街朝阳段环境提升改造设计工作，参与 2016 年度重点环境建设项目设计（第一包）项目投标，并于 8 月初成为该项目第一包招标的中标单位。8 月到 9 月，我方以此投标方案为基础，数次与朝阳区管委、各街道办事处、重点改造建筑单位业主等进行工作对接，并向朝阳区管委进行了数次汇报与沟通。根据相关领导所提出的修改意见进行深化和调整，目前已基本完成整体方案设计、重要节点规划、专项提升策略以及初步概算。项目位于长安街延长线（朝阳段），西起建国门，东至八里桥，全长 14.8 公里，是"百里长街"中最长的一段。长安街延长线（朝阳段）分为六段：东二环至东三环区段长 2.1km，东三环到建外街道界区段长 1.3km，八里庄街道区段长 0.5km，高碑店地区区段长 6.1km，三间房街道区段长 2.3km，管庄地区区段长 3.0km。沿道路红线向内外扩展至一个街区所涵盖的范围，为总体研究范围。通过总体研究分析，使设计方案与周边地区的实际情况衔接更紧密，更具有可操作性。项目的总体原则是，充分考虑项目经济性与可实施性，以问题为导向，近远结合，面向未来，近期能起到明显的提升效果，远期对朝阳区提升改造具有建设和指导意义。整体打造主次分明，特色突出的长安街延长线朝阳区段，以延续长安街风貌，体现"庄严、沉稳、厚重、大气"为总体定位。

设计评述

设计方案贴近实际，能够从实际需求考虑出发，并从专业的技术角度对现状有较详细的评估；方案专项设计原则设置合理，有清晰明确的规划思路，且能围绕整体规划理念进行方案效果设计。

增加二环至三环段为独立部分，总体分为二环至三环、三环至四环、四环至五环以及五环外至区界共四大段，每段空间各增加一张能反映整体提升效果的效果图。增加预防小广告粘贴的应对措施专题，并在投资估算中加入此项内容。重点考虑八里桥节点，结合南北两侧绿地空间，设计为朝阳区东侧绿色生态门户。照明提升以重要建筑为主要提升对象，住宅尽量不要做照明提升，部分位置重要的住宅可稍微做点夜景装饰。

主要设计人 • 徐聪艺 孙勃 张耕 孙小龙 王立霞
韩梅梅 祝文静 杨晓朦 马丽 张悦 范松

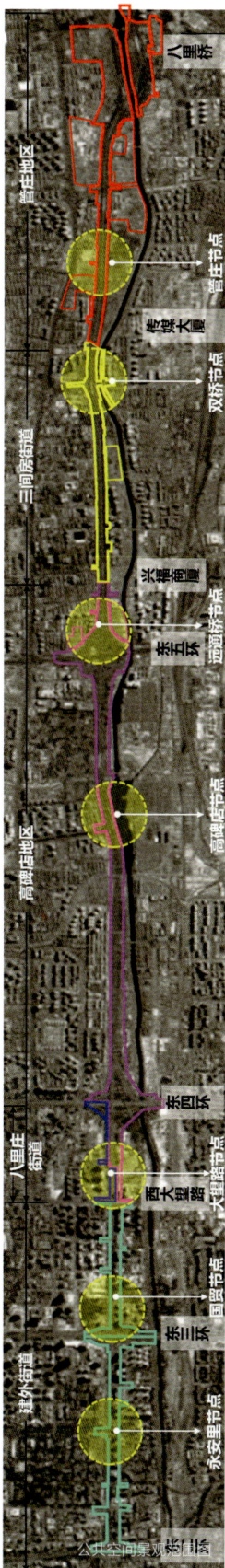

远通桥节点改造效果图

管庄节点改造效果图

双桥改造后效果图

重兴寺公园改造后效果图

成都阳光保险集团金融中心

二等奖 • 公共建筑／一般项目
• 独立设计／投标结果未公布

项目地点 • 四川省 成都市
方案完成／交付时间 • 2016 年 10 月 26 日

设计特点

项目位于四川成都高新区西部园区，东临电子科技大学国家大学科技园，西侧为国家综合保税区和龙湖地产，区域内已建成一期住宅与公寓建筑。项目用地约 10 万平方米，总建筑面积 8 万平方米，其中办公建筑约 5 万平方米，公寓约 2 万平方米，商业建筑 1.2 万平方米。

概念方案设计包括对区域环境的协调规划与建筑单体设计。项目设计遵循以人为本的原则，提倡绿色建筑、生态建筑和节能建筑理念，突出智能、人性、个性、自由、效率，追求优化经济设计，考虑规范性、协调性、价值实现、建筑开发的经济性、灵活性、适应性和新技术等方面。设计充分考虑与一期建筑、环境的相互联系，保证办公、商业与居住的功能价值，以绿色科技、有氧生活为主题，建设资源节约型和环境友好型社会环境。以"小尺度慢生活"为设计理念，结合成都温和湿润的气候特征组织院落组团布局，优化尺度关系，叠落立体花园，引入运动主题，增加休闲娱乐功能，打造生态宜居、城在景中、城景相容的田园新城形象。

设计评述

项目概念主题新颖，贴合绿色生态理念，商业功能开放，与花园结合，空间穿插提升了使用乐趣。进一步设计时，希望考虑与已建成的一期环境风格协调，可以考虑从尺度与细节等方面找到共同性与延续性。由于限高条件，塔楼建议采用横向线条弱化体量。公寓建筑考虑避免城市噪声对住户的影响。

主要设计人 • 刘志鹏　王笑竹　王淼

总平面图

夜景鸟瞰效果图

日景鸟瞰效果图

长沙黄花国际机场东扩二期工程 T3 航站楼及配套项目

二等奖 ● 公共建筑／重要项目
● 合作设计／未中选投标方案

项目地点 ● 湖南省 长沙市
方案完成／交付时间 ● 2017 年 3 月 28 日

设计特点

长沙黄花机场位于长沙市东部，近期规划（2030 年）新建 T3 航站楼以满足年旅客吞吐量 400 万人次，并增加第三跑道，远期规划（2050 年）可满足年旅客吞吐量 7000 万人次，增加第四跑道。本次设计投标在东侧新区域规划建设适合机场未来的发展方案，同时寻求机场现状已有设施的继续沿用与功能更新，使机场在合理有序的发展脚步中逐步建设，有效提升整体的运行效率，提高机场的整体服务水平，获得更大的经济效益。

本期航站楼采用 X 构形，方案构形从间距 240 米的两个交点各放射出两条 580 米长、互呈 120° 的指廊基线，形成构形框架。双侧指廊宽 45 米，单侧指廊宽 30 米，陆侧放宽 180 米、空侧放宽 72 米做指廊切线圆弧，四个指廊端头局部放大，形成了航站楼的轮廓，整体呈集中式布局。指廊提供足够的近机位，直接与单一的中央处理大厅相连，最大程度地实现最短的步行距离、最少的楼层转换、快速中转时间、高效的和整合的陆侧交通。

航站楼造型结合湖南当地的地域特色，起伏的拱形屋面宛若一片片争流的风帆，又似洞庭的波涌，取"乘风破浪"、"百舸争流"、"浪遏飞舟"之意。六个三角形交汇成一点，使屋面像一把把"雨伞"遮蔽着航站楼。航站楼主楼采用 72 米的三角形网格，加以变形，作为屋面的"结构单元"，将屋面、结构、吊顶、采光照明以及暖通、机电单元都完美地结合在每一个三角网格之内，体现了新时代民航机场的现代化、集成化与信息化，为国内机场航站楼设计打造新的标杆。

设计评述

方案采用了 X 构形，空陆两侧处理均较好，停机位、车道边充足，发挥了经典构形的优势。内部功能流线布局简洁，与商业和庭院结合良好。采用了大跨度的、有变化的"单元式"结构，为目前国内航站楼仅有，外部造型和内部空间因此富于特点。

空侧指廊分为两侧使用，宜再细化布局。

主要设计人 ● 王晓群 李树栋 王亦知 徐文 王鑫宇
沙子岩 陈静雅 任广璨 赵阳

鸟瞰效果图

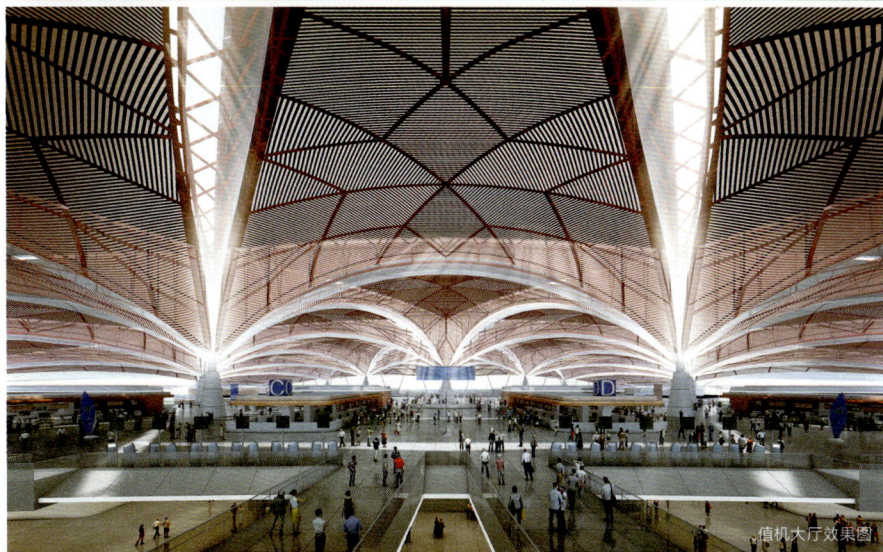

值机大厅效果图

车道边

长沙市全民体育健身中心

二等奖 • 公共建筑／一般项目
• 独立设计／未中选投标方案

项目地点 • 湖南省 长沙市
方案完成／交付时间 • 2017 年 6 月 25 日

设计特点

长沙市全民体育健身中心项目基地位于湖南省长沙市雨湖区，用地南侧的劳动东路是从长沙火车南站进入市区的主要道路，是长沙重要的城市形象展示节点，因此本项目力求建设为体育新城内的新地标，充分展示长沙市的文化、发展和热情。

项目确定了以下三个功能定位：1. 体育演艺综合体。打造可承办 NBA 及 CBA、专业冰球赛事的高端体育馆。依托长沙文娱产业的强大影响力，使项目在赛事之余成为具有全国影响力的文娱演出承办地；2. 全民健身服务综合体。项目西楼为市民提供多样的健身休闲服务设施。3. 体育主题的城市公园。项目场地引用"绿肺"理念，使全民可以在"绿肺"中健身锻炼，强身健体。

三角形建筑基地被地铁线路一分为二，主体育馆组团及训练馆组团沿主路布置，虎踞地块东西。方案设计中，将两个组团桥接成一个整体，横跨建设保护区，实现了两个功能组团的空间联系，形成了极具冲击力的标志性建筑形象，并提供了宜人的城市共享空间。

通过对体育馆健身馆多种使用功能的梳理，整合了观演、健身、休闲、聚会等多套建筑流线，在两套主要建筑功能之间形成了一个多流线、易达的空中枢纽，为市民提供了和谐共享的城市客厅空间。

线性的景观水面贯穿场地南北，收束于建筑灰空间下的圆形水面。方案规划了一条蜿蜒的健身步道，将大片绿地划分为多个大小不同、性格各异的景观区域。

设计评述

方案设计团队对用地周边的城市空间形态进行梳理，选择了沿南侧城市主要道路展开建筑形象的策略。通过设置中部城市会客厅，巧妙结合现状地形中的 6 米高差，为市民从城市主要道路及地铁站进入北侧体育休闲公园提供了景观丰富的广场过渡空间。

方案对建筑功能特点进行了深入的研究，东西两侧布置体育演艺空间、全民健身空间，中间设置服务空间的方式，实现了体育场馆全天候运营的理念。

整体建筑造型流动舒展、简洁清晰，体育演艺组团面向城市一侧采用了 LED 大屏的手法，突出了城市庆典空间的特性，特别是中部城市客厅的空间处理，体现了从城市到建筑内部再到景观的自然融合。建筑北侧采用开敞式设计手法，实现室外景观运动空间与室内空间的良好互动。

主要设计人 • 刘康宏 杨海鑫 王健 乌尼日其其格 陈晓民

鸟瞰效果图

人视透视图

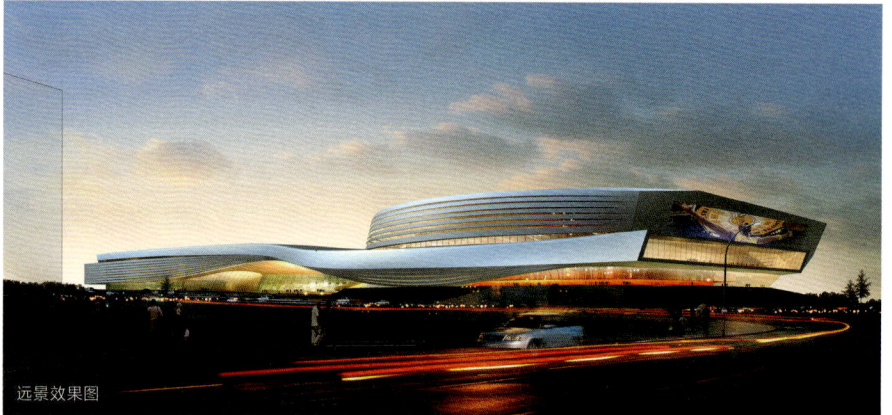
远景效果图

近景人视效果图

重庆南山森林公园高屋休闲乐园配套一期

二等奖 ● 公共建筑／一般项目
● 独立设计／工程设计阶段方案

项目地点 ● 重庆市
方案完成／交付时间 ● 2017 年 5 月 16 日

设计特点

项目位于重庆市南岸区的南山风景区，建设用地紧邻南山森林公园，原始地形整体高于市政道路，视野开阔，周边山体植被茂盛。该地块略呈不规则"U"形，"U"形两翼随着山体向山上延伸，地块内高差较大，西高东低，南高北低，高差到达了 40 米。东西向的平均坡度约 30°，局部区域坡度超过 50°。

根据起伏的地势，项目以重庆传统民居五进的空间序列——街、巷、坝子、合院、内院来组织建筑空间。

总体来看，整个建筑群依山就势，建筑由城市道路层层向上延展，按照院落方式进行拼接组合。建筑单体采用民居的形式，主要为单层或 2 层，与环境契合良好。

场地由南到北布置了 9 个相对独立的院子，每个院子在沿街道路上都各自设有入口，同时在山上较高处设置第二个疏散口，主要业态为办公建筑。

场地东北侧是通往南山森林公园的步行道，沿步行道两侧布置建筑单体。

建筑立面处理吸收记忆中的文脉符号，如重叠的屋檐、吊脚楼、木柱支撑、石头梯坎、夹壁墙、夯土墙、小青瓦等，来制定设计蓝本。

设计评述

方案建筑布局因循山体地势逐级而建，与地形紧密结合，最大限度地保护了森林原貌，充分体现出山地建筑的特色和风情。

建筑规划以传统院落的方式进行拼接组合，院子承接转合，环环相扣，形成了无穷的空间变化，使人产生丰富的心理感受。

建筑立面风格体现出西南民居的建筑特点，在雅致柔和的青色、灰色调上做建筑空间构成上的变化，结合坡屋顶的设计，在立面材质上运用青砖、石材、夯土墙、夹壁墙以及木材质等一起，突出西南民居特色，具有鲜明的地域性。

主要设计人 ● 唐可峙　周瑛芝　靳成　张春伟　胡明奇

鸟瞰效果图

乐园中部近景效果图

局部效果图

石家庄市建筑风貌设计导则

二等奖 • 城市规划与城市设计／一般项目
• 独立设计／中选投标方案

项目地点 • 河北省 石家庄市
方案完成／交付时间 • 2017 年 11 月 1 日

设计特点

石家庄市位于华北平原南部，横跨太行山地和华北平原两大地貌单元，为典型的平原城市。其西部为太行山地，东部为华北平原，北部为滹沱河，水系丰富，主要行洪河道六条，自然环境优美。石家庄市是最早被解放的大城市之一，历史悠久、古迹众多，有大批非物质文化遗产，这些深厚的文化积淀为建筑创作提供了丰富的源泉，更为我们推动城市建设、承载历史记忆与城市精神提供了基础。

《导则》着重以都市区区域范围内现状风貌及时代发展、对现存建筑立面详尽的调研分析为基础进行研究。综合石家庄市城市"承故推新、望山居水、智慧现代"的设计目标，采用分区分类的建筑风貌设计管控研究方法，从原型研究、元素提取、元素运用三个方面进行探讨，在建筑顶部、建筑墙身、建筑门窗、过渡空间及图案装饰五个要素方面做通用管控要求；通用图册是针对都市区的一个普适性管控原则，而专控图册则是根据正定县、栾城区、鹿泉区、藁城区和村镇区的不同特点而做的区域性的管控，使得石家庄市都市区内不同区位、不同类型的建筑风貌设计都能对应不同的设计管控要求，以期建立公平、公正、公开、透明的建筑风貌设计管理机制，用以指导城市未来的发展建设，塑造鲜明的城市特色。

设计评述

经认真研究讨论，认为该项目研究框架完整全面，对石家庄市的典型区域、不同类型的建筑风貌进行分区、分类的引导，具有可行的研究及指导意义，为更好地完成下一步工作，建议在建筑外部环境适当增加临街部分、门、围墙的设计；增加补充群体空间控制原则；指引部分可采取表格化形式；可增进与总体规划、城市设计的对应；在管控的基础上要留一定的空间，避免城市千篇一律。

主要设计人 • 刘晓钟 徐浩 郭辉 霍志红 龚梦雅
钟晓彤 于露

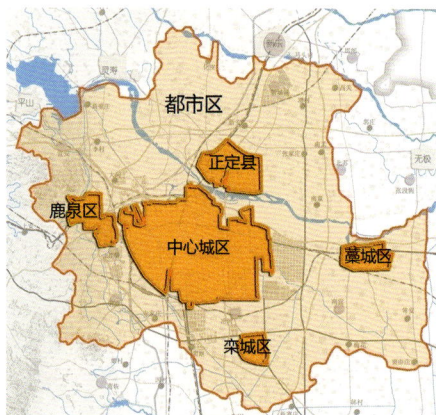

区域分布图

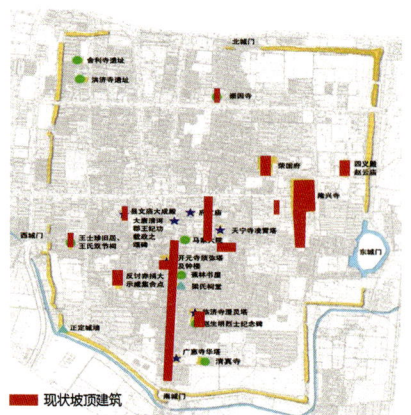

现状坡顶建筑分布图

村镇区建筑研究

藁城区建筑研究

鹿泉区建筑研究

栾城区建筑研究

通用要求说明表

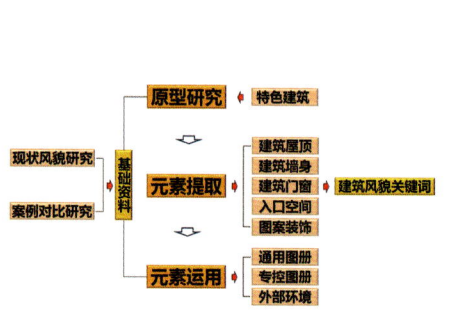

研究方法

巴彦淖尔市五原县抗日纪念园

二等奖 • 公共建筑／一般项目

• 独立设计／未中选投标方案

项目地点 • 内蒙古 巴彦淖尔市

方案完成／交付时间 • 2016 年 12 月 28 日

设计特点

项目为五原抗战纪念园扩建工程，位于五原县城东北角。此地属于黄河冲积平原，东邻耕地，与 212 省道相接，南邻农田小渠及温室大棚，西邻居民区及民政敬老院，北邻耕地。扩建用地形状为"L"形，地势较为平坦。本纪念园内陵园部分已建成并开放使用。

设计通过交错的肌理，得到了有若干象征胜利的 V 字形的、沟壑般的景观空间。在这样的空间中，我们创造出"刀阵山林"般的纪念广场、夹缝般的"历史沟壑"和"地道空间"。

方案保留现有轴线位置，同时运用规划和景观手法延伸、加强现有轴线，突出现有轴线的纪念性，烘托庄严的氛围。新建区域与现有陵园在空间上保持相对独立，尽量避免新建园区对于烈士陵园肃穆氛围和完整性的影响。同时，用广场、绿化等手段强化了现有陵园的主轴线，烘托了庄严氛围。

方案通过呈现五原当地的大地图景，融入战争历史文化，形成现代的、五原的、具有历史文化特征的建筑形式和景观空间。同时从技术上注重本土技术策略的应用，因地制宜，节省投资。最终创造属于五原的、属于五原历史的、属于时代的、面向未来发展的城市纪念公园。

设计评述

方案从当地地貌入手，融入抗战文化，在呼应原生态的基础上形成现代的建筑和景观空间，在公建本土化方面很有新意，值得肯定。在设计思路上，保留陵园，通过连接、融合的手法，避免了物理的分格，是方案的亮点。应注意入口处流线组织的问题。方案在强调原生态概念同时，也应结合技术路线，强调其现代性。

主要设计人 • 杜佩韦　任烨　黄小殊　刘畅　潘旭钊　和静

总平面图

鸟瞰图

广场效果图

展馆入口图

成都新川创新科技园、养老院、6 号社区公园

二等奖 • 公共建筑／一般项目

• 独立设计／未中选投标方案

项目地点 • 四川省 成都市

方案完成／交付时间 • 2016 年 12 月 22 日

设计特点

项目位于新川创新科技园园区第七组团内，本次设计范围包括养老院及养老院东侧贴邻的 6 号社区公园绿地，二者之间由红线分隔，东南面紧靠新川之心东区公园，地理位置优越。养老院净用地面积 6825 平方米，拟建建筑面积 7189 平方米；6 号社区公园绿地 4428.5 平方米，建设规模 200 床。

方案以"生长"和"弹性设计"为理念，强调建筑与环境互相融入、合理的功能布局，并根据不同阶段的空间需要，实现单床、多床单元之间的相互改造。

设计方案在养老院建筑与新川创新科技园之间建立了良好的景观联系，居住单元的错动将绿色引入建筑中。建筑与 6 号公园通过平台休息步道相互联系。每个居住单元生长于公共部分，居住单元面向新川之心，获得良好的视野。每层护理单元设置公共空间，供老年人活动，为后期使用提供更多的可能性。一人间与两人间在 7.2 米×8.1 米柱网之间可自由转化。

设计评述

新川创新科技园、养老院、6 号社区公园的设计方案构思较为新颖独特，"生长"、"弹性设计"的理念也在方案中得到足够体现，设计中看到了对老人的关怀、对环境的尊重和对新技术的呼应。

通过平面布局、竖向功能分布可以看到，方案对"养老"话题进行了足够的研究，并根据方案本身特点和周边环境做了较合理的应对。公园的设计符合老年人活动特点，与养老院建筑联系紧密，整体呈现出生机勃勃的气息。立面简洁，符合养老建筑的特点。

主要设计人 • 李明川 赵波 肖林虹 石晋京

总平面图

鸟瞰图

公园透视图

公园透视图

重庆弹子石 CBD 总部经济区 8 号地块城市设计

二等奖 • 城市规划与城市设计／一般项目
• 独立设计／中选投标方案

项目地点 • 重庆市
方案完成／交付时间 • 2017 年 2 月 17 日

设计特点

项目位于重庆市南岸区弹子石 CBD 核心区一期与群慧公园之间。随着该区域的不断发展，其已由配套发展区成为城市核心发展区。弹子石 8 号地块的城市设计，体现了重庆"上下半城"的地缘特色和住宅"身居闹市，一览江景"的价值感，践行了"城市双修"的要求和"开放街区"的理念，并通过一系列可读、可参与、可实践、可管理的城市设计导则，将设计理念贯穿在城市建设的过程中，促进本区域成为重庆 CBD 的重要功能板块，并对城市设计融入规划管理"双控"模式作了有益尝试。

设计主要特点如下：

1. 城市修补。联系周边肌理脉络，促进交通联系，整合城市功能，促进区域发展。

2. 交通织补。在地块内增加道路，使区域向城市充分开放。借助人行通道打通地铁站至江边的立体开放步行街区。

3. 开放街区。区域顺接周边道路，底层空间全部面向公共开放，居住区采用开放街区模式，贯通江畔直至群慧公园的公共廊道，合力构筑城市级活力中心。

4. 开敞空间。居住区采用超高层建筑、低密度的开发模式，创造通透、开敞的空间形态。

5. 山城风貌。建筑群落延续 CBD 逐级上升的空间态势，打造弹子石新高点。腾龙大道两侧采用形态呼应的建筑群布局。区域内部坡地采用山城特色梯巷空间，凸显文脉风貌。

设计评述

作为重庆三大 CBD 之一的弹子石 CBD 核心区，控制性详细规划中有较多的居住用地，与开放的城市氛围不符。应采用城市设计手法，结合开放街区、竖向设计城市功能，使街区全部向城市开放。应从更大的范围审视城市风貌，仅从弹子石 CBD 区域无法构建全面的风貌框架导控体系，需考虑岩浆视廊和三个 CBD 之间的关系，结合重庆地方风貌导控规划，建立完整的导控框架。现状交通存在阻隔现象，应在地块内部增加向城市开放的联系路，增加路网密度，响应中央小街区、密路网的政策。建筑风貌反映重庆地方特色，以实为主，避免大规模玻璃幕墙。文本框架应进一步清晰，反映现状问题、目标导向、专题研究、导则、方案示意的逻辑。

主要设计人 • 黄新兵　吴英时　杨苏　袁媛　吴霜
　　　　　　屈振韬　刘思源　陈娜　刘海德　郑文

鸟瞰效果图

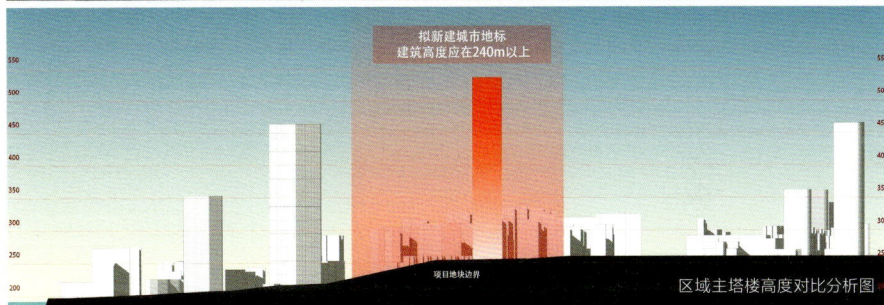

拟新建城市地标
建筑高度应在240m以上

项目地块边界

区域主塔楼高度对比分析图

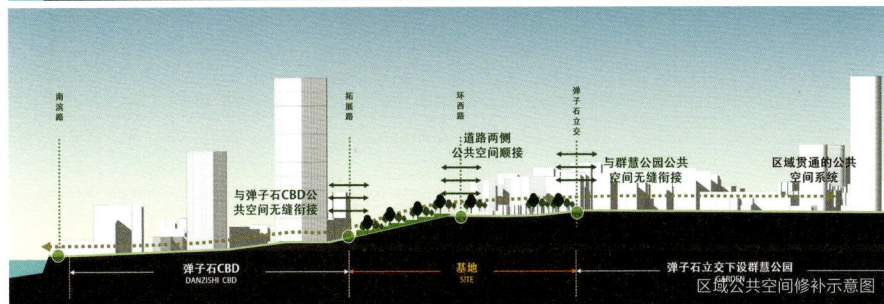

南滨路　　拓展路　　环西路　　弹子石立交

道路两侧公共空间顺接

与弹子石CBD公共空间无缝衔接

与群慧公园公共空间无缝衔接

区域贯通的公共空间系统

弹子石CBD
DANZISHI CBD

基地
SITE

弹子石立交下设群慧公园

区域公共空间修补示意图

滨江实景远眺效果图

秦皇岛市规划展览馆

二等奖 • 公共建筑／重要项目

• 独立设计／未中选投标方案

项目地点 • 河北省 秦皇岛市

方案完成／交付时间 • 2016 年 10 月 31 日

设计特点

项目占地 2 公顷，用地长 134.7 米，宽 96.75 米。北邻拟建设的秦皇岛市博物馆，东临南岭西路，南至德政街。总建筑面积 15000 平方米，地上 12000 平方米，地下 3000 平方米。建筑呈"回"字形布局，整体建筑地下一层，地上三层。各层功能围绕中心庭院布局。办公入口位于建筑南侧，展览馆主入口位于中心庭院内部的南侧，次入口位于北侧。地下车库出入口位于临东侧用地边界的南北两侧，南侧为入口，北侧为出口。建筑南北两侧设置了地面临时停车位。

建筑在首层局部架空，规划局办公主要出入口设于首层南侧，主入口大厅正对中心庭院，大厅东西两侧为供办公使用的交通空间。入口大厅的东西两侧设置了半室外的展览空间。二层平面围绕中心院落呈"回"字形，南侧为办公空间，东西两侧为展厅，北侧中心为全景及 4D 影院。三层南侧为办公空间，东西两侧为展厅，北侧中心为沙盘展厅 。

设计评述

在尺度与界面混乱的城市中，以规整的外形取胜，以丰富的内部院落实现动中取静。本方案外幕墙设计特点突出，与规划主题契合。

主要设计人 • 钟永新　张涛　汤阳　潘硕

鸟瞰效果图

西立面效果图

外立面透视效果图

中庭透视效果图

宜昌市档案馆

二等奖 • 公共建筑／重要项目
• 独立设计／工程设计阶段方案

项目地点 • 湖北省 宜昌市
方案完成／交付时间 • 2017 年 7 月 1 日

设计特点

当我们将这些曾经的历史一一整理进小小的档案盒时，它们已经转变为无数个信息像素，每一个像素都蕴藏着一段鲜为人知的历史。我们将如何向世人展示这些曾经的平凡和辉煌？这些小小的像素又将如何重组和演绎宜昌市的变迁？

新档案馆外墙设计极具特色，由 25000 块钢板构成一幅饱含宜昌信息的画卷，这些 400 毫米宽的金属方板因角度的变化而使整个建筑具有一种动态变化的效果；随着每天太阳自东而西的运动，外墙也随之变换她的容貌；而当我们在她面前走动时，她又以动态的姿态向我们展示她的存在。400 毫米宽的铸铝板上刻有汉字，这些汉字是从宜昌档案资料中收集整理的关键词，它们记录了宜昌市的社会、历史、人文、科技等行业的重要信息，是宜昌市档案资料的建筑化表达。

档案馆占地 10044 平方米，北侧为城市公园绿化用地，南侧为已建成的城市博物馆，东南侧为已建成的规划展览馆，东侧与求索广场相隔用地为规划中的宜昌市科技馆，西侧用地为高层商业办公建筑。建筑面积地上 15000 平方米，地下 6000 平方米。

如果按照 30 米限高集中布置功能，建筑的体型较小，容易湮没于周边体量较大的建筑群之中，且不利于形成具有可识别性的建筑形象。因此我们避免了集中式的平面布局，而是在水平方向的尺度上寻求建筑的标识性，达到建筑体量与周边大尺度建筑的相互平衡。

设计评述

体型简洁大方，既符合城市整体空间需要，又较好地解决了平面功能。架空层为城市预留活动空间，增强了其公共性。外幕墙材料有特色，需注意控制外幕墙造价。

主要设计人 • 张涛 汤阳 李唯 潘硕 文潇

鸟瞰效果图

室外远景效果图

室内大厅效果图

其他获奖项目

01 北京新机场东航基地 02 北京崇文门 0138-607 地块商业金融项目十层会所 03 海口美兰国际机场 T1 航站楼雨棚改造 04 福州琅岐岛概念规划

05 麦积山景区游客服务中心 06 青岛浪潮大数据产业园 07 张家口奥体中心周边地块城市设计 08 北大附属锦州实验学校

09 保利未来科技城展示中心 10 巴山大峡谷"梦回巴国"剧场 11 2019 年第七届世界军人运动会帆船比赛码头 12 广东揭阳新亨罗山福成寺规划

13 河北省第三届园林博览会总体规划方案 14 北京金隅八达岭温泉度假村改造 15 润泽大数据应用展示中心综合体 16 山东头村整村改造

17 北京通州新城 #0504-014 地块　18 北京南辛堡村、民主村、百眼泉村棚户区改造　19 青岩古镇峰会　20 安阳新一中学

21 北京国家全民健身中心　22 长沙明昇壹城　23 北京大栅栏煤东历史文化名城示范区景观改造　24 华为河北廊坊二期预留地

25 融华国际奥体中心　26 太原中车国际广场小学幼儿园　27 乌鲁木齐国际纺织品服装商贸中心核心区城市设计　28 邢台国际会展中心

29 徐州"多馆合一"　30 宜昌市青少年宫　31 中国华融现代广场酒店　32 北京通州运河核心区 VIII-02、04、07 地块

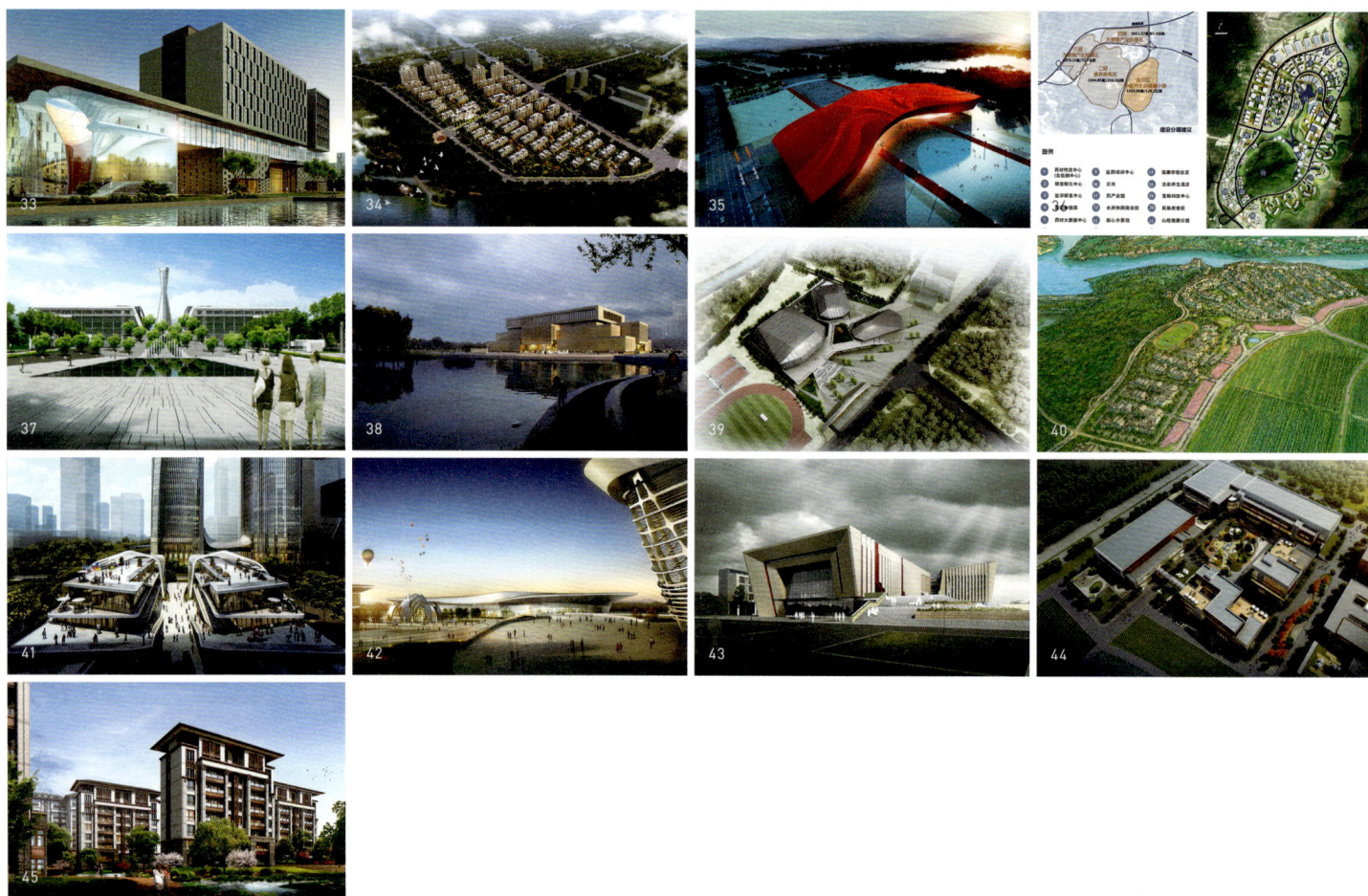

33 北京新机场行政综合业务用房 34 包头新都市宫园墅 35 巴彦浩特城市会展中心 36 贵阳乌当大健康产业基地

37 晋城凤台街市民广场主题景观设计 38 山东禹城城市规划展览馆 39 成都双流艺体中学体艺馆 40 陕西田园式新型城镇化建设及配套产业发展示范区

41 深圳安邦总部商业中心 42 许昌奥体中心 43 西南石油大学创新创业新能源研发中心 44 总体部怀来航天产业园景观设计

45 郑住 • 天地云墅

图书在版编目（CIP）数据

BIAD 优秀方案设计 2017 / 北京市建筑设计研究院
有限公司主编 . – 北京 : 中国建筑工业出版社 , 2018.5
  ISBN 978-7-112-21965-0

  Ⅰ . ① B… Ⅱ . ①北… Ⅲ . ①建筑设计－作品集－中
国－现代 Ⅳ . ① TU206

中国版本图书馆 CIP 数据核字 (2018) 第 051491 号

责任编辑：李　婧　李成成
责任校对：王　瑞

BIAD 优秀方案设计 2017

北京市建筑设计研究院有限公司　主编
*
中国建筑工业出版社出版、发行（北京海淀三里河路 9 号）
各地新华书店、建筑书店经销
北京建院建筑文化传播有限公司制版
北京雅昌艺术印刷有限公司印刷
*
开本：965×1270 毫米　1/16　印张：5 1/2 字数：164 千字
2018 年 5 月第一版　2018 年 5 月第一次印刷
定价：**95.00** 元
ISBN 978-7-112-21965-0
　　　　　（31812）